Berechnung von Behältern nach neueren analytischen und graphischen Methoden

Für Studierende und Ingenieure
und zum Gebrauche im Konstruktionsbureau

bearbeitet von

Dr.-Ing. Theodor Pöschl und Dr.-Ing. Karl v. Terzaghi

Dozent an der k. k. Technischen Hochschule in Graz

Ingenieur in San Franzisco

Mit 34 Textfiguren

Springer-Verlag Berlin Heidelberg GmbH 1913

ISBN 978-3-662-39172-3 ISBN 978-3-662-40167-5 (eBook)
DOI 10.1007/978-3-662-40167-5

Vorwort.

Die durch die technischen Anwendungen gestellten Probleme der Elastizitätstheorie und die im Anschluß daran entwickelten Methoden zu ihrer Lösung, deren systematische Behandlung zu den Hauptaufgaben der modernen Forschung auf diesem Gebiete gehört, sind heute vielfach noch nicht so bekannt, daß ihre Ergebnisse in die Praxis unmittelbar Eingang gefunden hätten. In der Erwartung, daß eine eingehendere Behandlung eines einzelnen dieser Probleme nach verschiedenen neueren Methoden Interesse erwecken dürfte, wurde das vorliegende Werkchen herausgegeben. Der Teil A ist im wesentlichen ein erweiterter Abdruck einer in diesem Jahre (1912) in der Zeitschrift „Armierter Beton" (Berlin, J. Springer) erschienenen Arbeit. Der Teil B behandelt die graphischen Methoden armierter und nicht armierter Behälter eingehender, als es gewöhnlich üblich ist, und sucht insbesondere die Schwierigkeiten klarzustellen, welche sich hier darbieten. Es ist der Versuch gemacht, die Methoden und Formeln theoretisch möglichst vollständig zu entwickeln und sie bis zu der Grenze zu führen, die die Praxis selbst derartigen Entwicklungen stellt. Wir bitten die geehrten Fachgenossen, uns ihre Erfahrungen, die sie mit den hier gegebenen Methoden machen, und ihre etwaigen Wünsche bekanntzugeben, um das hier Begonnene in Zukunft noch weiter ausgestalten zu können.

Im September 1912.

Pöschl. v. Terzaghi.

Inhalt.

A. Analytische Methoden.

I. Einleitung.

Der „analytische" Teil der vorliegenden Monographie stellt sich die Aufgabe, einerseits einen Überblick zu bieten über die Methoden, welche bei der rechnerischen Untersuchung der Behälter nach dem gegenwärtigen Stand der Wissenschaft in Frage kommen, andererseits eine Darstellung zu schaffen, welche unmittelbar für praktische Zwecke geeignet ist. Nach den Fortschritten der letzten Jahre dürfte eine Bearbeitung der Methoden und Resultate, soweit sie für die technische Praxis Bedeutung haben, auch im Interesse weiterer Untersuchungen von Nutzen sein. Es ist aber nur ein kleiner Teil der vorhandenen Arbeiten hier verwendet und demgemäß Vollständigkeit der Literaturangaben keineswegs angestrebt worden.

Die Gesetze, die wir der Beschreibung aller uns umgebenden Erscheinungen zugrunde legen, sind Differentialgesetze, aus denen durch den Prozeß der Integration die „endlichen" Vorgänge abgeleitet werden. So führt auch das vorliegende Problem auf die Integration einer Differentialgleichung, die in irgendeiner Weise — analytisch oder graphisch — geleistet werden muß.

Eine sehr vollständige Wiedergabe der bisher erschienenen Arbeiten auf diesem Gebiete bringt Band V des „Handbuches für Eisenbetonbau", herausgegeben von Dr. F. von Emperger, „Flüssigkeitsbehälter", 2. Aufl. 1910[1]).

In den Abschnitten III und IV geben wir eine kurze Darstellung der Lösungen von H. Müller-Breslau für konstante Wandstärke und der von H. Reißner für linear veränderliche Wandstärke, um im Abschnitte V die vom Verfasser dieses ersten Teiles selbst ausgearbeitete Methode von W. Ritz ausführlich auseinanderzusetzen[2]).

[1]) Außerdem vergleiche man den Literaturbericht in Professor Dr. Ph. Forchheimers Broschüre: „Die Berechnung ebener und gekrümmter Behälterböden", 2. Aufl. 1909.

[2]) Siehe die Abhandlung des Verfassers im „Armierten Beton" (1912) und bezüglich des Konvergenzbeweises auch Sitzungsberichte der Wiener Akademie der Wissenschaften (1912).

Eine große Anzahl von Problemen der Mechanik und mathematischen Physik hat nämlich die ausgezeichnete Eigenschaft, daß sie aus einem sog. Variationsproblem ableitbar sind, d. h. daß ihre Differentialgleichungen die notwendigen Bedingungen dafür sind, daß ein gewisses bestimmtes Integral einen extremen Wert erhält. Für die Integration der Differentialgleichungen eines Problems bedeutet es schon an sich einen wesentlichen Vorteil, wenn man sie aus einem Variationsproblem ableiten kann.

Die Anwendung der Methode des nur allzu früh verstorbenen Göttinger Physikers W. Ritz, die den Anforderungen an Einfachheit und Strenge gleichzeitig im weitesten Ausmaße gerecht wird, und die den wesentlichen Inhalt dieses ersten Teiles ausmacht, verwertet den Umstand, daß ein Problem mit einem Variationsproblem zusammenhängt, in einer etwas anderen, sehr originellen Weise, welche in naher Beziehung steht zu der in der technischen Literatur schon lange bekannten Behandlung statisch unbestimmter Systeme. Die hier erfolgende ausführliche Darstellung dieser Methode hat auch insbesondere den Zweck, den Ingenieuren und Konstrukteuren an der Hand eines wichtigen Problems die Anwendung eines für viele Probleme der technischen Praxis besonders geeigneten Verfahrens zu empfehlen und sie damit vertraut zu machen. Jedenfalls gestattet sie im vorliegenden Falle, durch relativ einfache Mittel die Resultate mit einer Vollständigkeit darzustellen, wie sie sonst, soweit es überhaupt möglich, nur mit dem größten Aufwand an Rechenarbeit zu erreichen ist.

Durch diese Methode wird es vielleicht gelingen, die elastischen Verhältnisse homogener Behälterwände für bestimmte Normalquerschnitte ein für allemal festzulegen und damit zuverlässige Konstruktionsgrundlagen zu schaffen.

Als die wichtigsten Querschnitte, die für die Praxis in Betracht kommen, werden behandelt: 1. Dreieck, 2. Rechteck, 3. Trapez, 4. Querschnitt durch eine Parabel und eine Gerade begrenzt.

Daß nach den bezüglichen Ansätzen von W. Ritz auch eine sachgemäße Berechnung von Platten und Behälterböden auf Grund dieser neuen Methode möglich ist, soll an einer anderen Stelle gezeigt werden. Ein weiteres Anwendungsgebiet liegt in der Voraussetzung anderer Verteilungsgesetze für die äußeren Kräfte, wie sie sich z. B. bei den Silos als notwendig erweist. Eine andere Gruppe von Aufgaben, deren Erledigung ebenfalls durch diese Methode möglich wird, betrifft die Untersuchung von Fundamentplatten auf nachgiebiger Unterlage, die an einzelnen Stellen mit schwer belasteten Eisenbetonsäulen beansprucht werden, u. dgl. m. Die Erledigung aller dieser Probleme muß späteren Unternehmungen anheimgestellt werden.

II. Bezeichnungen. Differentialgleichung des Problems.

Wir geben zunächst eine Zusammenstellung der im folgenden verwendeten Bezeichnungen (siehe Fig. 1):

h = Höhe des Behälters in m;

x = Entfernung vom oberen Rande, nach unten positiv gerechnet;

$\xi = \frac{x}{h}$;

u = Verschiebung in Richtung der x;

w = radiale Verschiebung, nach außen positiv gerechnet;

δ = Wandstärke in der Tiefe x;

δ_o = Wandstärke am oberen Rande, d. i. für $x = \xi = 0$;

δ_u = Wandstärke am Boden, d. i. für $x = h$, $\xi = 1$;

$J = \frac{\delta^3}{12}$, $J_o = \frac{\delta_o^3}{12}$, $J_u = \frac{\delta_u^3}{12}$ die bezüglichen Trägheitsmomente entsprechend einem Streifen von der Breite 1;

a = mittlerer Zylinderradius;

E = Elastizitätsmodul;

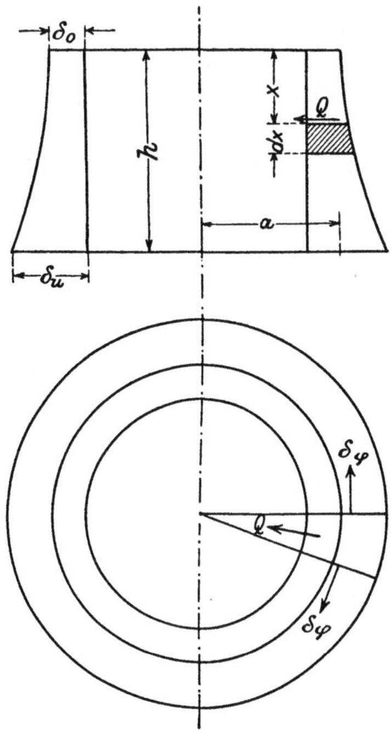

Fig. 1.

m = Querkontraktionsverhältnis, d. i. $\frac{1}{4}$ (Zement, Beton usw.) bis $\frac{1}{3}$ (Eisen) (Poisson und Wertheim);

S_φ = die Ringspannung, positiv als Zug, bezogen auf die Einheit der Höhe und die ganze Wandstärke;

S_x = die Normalspannung in Richtung der Erzeugenden, bezogen auf 1 m Umfang und die ganze Wandstärke. (Im vorliegenden Falle ist $S_x = 0$.)

M_x = das (ebenso bezogene) Biegungsmoment, das auf horizontale Querschnittselemente positiv wirkt, wenn es einer nach innen konvexen Krümmung entspricht;

Q_x = die zugehörige Querkraft;

γ = das spezifische Gewicht der Bassinfüllung (10^3 kg für Wasser).

Die erste und wichtigste Vereinfachung, die der Behandlung des vorliegenden Problems zugrunde liegt, ist die, daß hierfür die Behälterwand als unendlich dünn angenommen werden darf. Diese Annahme kommt darauf hinaus, daß man voraussetzt, die Resultante aller Spannungen greife im Mittelpunkte des Querschnittes an. Der dadurch begangene Fehler beträgt für die Lage der Resultierenden bei gemauerten oder gestampften Bassins, bei welchen die Wandstärke $^1/_{10}$ des Behälterradius beträgt, 0,1 %; dagegen ist für dieses (große!) Verhältnis die Ringspannung am Innenrande etwa 10 % größer und am Außenrande ebensoviel kleiner als der unter der obigen Annahme gerechnete Mittelwert, was man bei der Berechnung der Behälter unter dieser vereinfachenden Annahme im Auge behalten muß.

Wir setzen nun die Behälterwand als homogen, und als zweite grundlegende Annahme die Gültigkeit des Hookeschen Gesetzes voraus[1]).

Die Behälterwand wird unten eingespannt angenommen, ihr oberer Rand ist frei.

Betrachten wir ein Element der Behälterwand, das durch zwei Meridianebenen und durch zwei Ebenen senkrecht zur Achse der Wand herausgeschnitten wird.

Die Dehnungen in Richtung der x-Achse bzw. des Radius sind dann[2]):

$$\varepsilon_1 = \frac{du}{dx}, \quad \varepsilon_2 = \frac{2\pi(a+w) - 2\pi a}{2\pi a} = \frac{w}{a} \quad \ldots \quad 1)$$

und die entsprechenden Spannungen

$$S_x = \frac{E\,\delta}{1-m^2}(\varepsilon_1 + m\,\varepsilon_2), \quad S_\varphi = \frac{E\,\delta}{1-m^2}(\varepsilon_2 + m\,\varepsilon_1) \,. \quad 2)$$

Die Krümmung der ursprünglich in der x-Achse liegenden Erzeugenden ist:

$$k = -\frac{d^2 w}{dx^2} \text{ (angenähert)} \quad \ldots\ldots \quad 3)$$

Ihr entspricht das Biegungsmoment ($1 - m^2$ im Nenner wegen der behinderten Querdehnung):

$$M_x = \frac{E\,J}{(1-m^2)} \cdot \frac{d^2 w}{dx^2} = \frac{E\,\delta^3}{12\,(1-m^2)} \cdot \frac{d^2 w}{dx^2} \quad \ldots \quad 4)$$

und die Querkraft:

$$Q_x = -\frac{dM_x}{dx} \quad \ldots\ldots\ldots\ldots \quad 5)$$

Außer diesen Formänderungs- und Spannungskomponenten sind alle anderen gleich Null.

---

[1]) Analytische Untersuchungen unter Ausschluß des Hookeschen Gesetzes liegen nur in sehr kleiner Zahl vor, es führt dieser zu außerordentlichen Komplikationen. Wegen des Näherungscharakters der dadurch erzwungenen Vereinfachung ist eine zu weit getriebene Genauigkeit in den darauf gegründeten Rechnungen illusorisch.

[2]) Da nur Ableitungen nach x (bzw. ξ) auftreten, so setzen wir überall die Zeichen für die totalen Differentialquotienten (gerade d).

Die Gleichgewichtsbedingungen in Zylinderkoordinaten lauten nun, wenn man annimmt, daß Eigengewicht und Auflast getrennt berücksichtigt sind:

$$\left.\begin{array}{ll}\text{Kräfte in Richtung x:} & \dfrac{dS_x}{dx} = 0 \\ \text{„ „ „ r:} & \dfrac{dQ_x}{dx} + \dfrac{S_\varphi}{a} = \gamma\, x\end{array}\right\} \quad \ldots\ldots \quad 6)$$

Mit Hilfe der Gleichungen 2), 4) und 5) erhält man nun daraus die folgenden:

$$S_x = 0, \text{ d. h. } \frac{du}{dx} + m \cdot \frac{w}{a} = 0 \quad \ldots\ldots \quad 7)$$

und

$$\frac{d^2}{dx^2}\left(\delta^3 \frac{d^2 w}{dx^2}\right) + \frac{12\,(1 - m^2)}{a^2} \cdot \delta \cdot w = \frac{12\,(1 - m^2) \cdot \gamma}{E} \cdot x \quad . \quad 8)$$

Setzt man nun zur Abkürzung

$$\xi = \frac{x}{h} \quad \ldots\ldots\ldots\ldots \quad 9)$$

$$k = \frac{12\,h^4\,(1 - m^2)}{a^2}, \quad l = \frac{12\,h^5\,(1 - m^2) \cdot \gamma}{E} \quad . \; . \quad 10)$$

so wird 8) einfacher

$$\frac{d^2}{d\xi^2}\left(\delta^3 \frac{d^2 w}{d\xi^2}\right) + k\,\delta\,w - l\,\xi = 0 \quad \ldots\ldots \quad 11)$$

Die Gleichung 11) ist die Differentialgleichung vierter Ordnung für die unbekannte Funktion w, von deren Integration die Lösung des Problems abhängt; die Gleichung 7) liefert dann u durch eine Quadratur.

Damit eine dieser Differentialgleichung genügende Funktion w eine Lösung des Problems sein könne, muß sie folgende Grenzbedingungen erfüllen. Es muß für

$$\left.\begin{array}{lll} & \xi = 1,\; w = 0,\; \dfrac{dw}{d\xi} = 0 \text{ (bzw. } = c) & \text{a)} \\ & \text{(eingespanntes Ende)} & \\ & \xi = 0,\; M_x = 0,\; Q_x = 0 & \\ & \text{(freies Ende)} & \\ \text{d. h.} & \delta^3 \dfrac{d^2 w}{d\xi^2} = 0,\; \dfrac{d}{d\xi}\left(\delta^3 \dfrac{d^2 w}{d\xi^2}\right) = 0 & \text{b)}\end{array}\right\} \quad . \; . \; . \quad 12)$$

Wenn ein Anhaltspunkt für die Größe der Nachgiebigkeit der Einspannung der Behälterwand am unteren Ende gegeben ist (unvollständige Einspannung), so führt die unten erläuterte Methode von Ritz auch in diesem Falle zu einer brauchbaren Lösung; darauf bezieht sich das (bzw. c) der ersten Grenzbedingung.

III. Lösung von H. Müller-Breslau für rechteckigen Querschnitt.

Die von Müller-Breslau gegebene Lösung ist im zweiten Teile (B) dieser Schrift ausführlich tabellarisch durchgeführt, weshalb hier nur die Hauptgleichung abgeleitet werden möge[1]).

Setzt man

$$\delta = \delta_u = \text{const} \quad \ldots\ldots\ldots\ldots \quad 13)$$

und mit Benutzung von 10)

$$\varkappa = \frac{k}{\delta_u^2}, \quad \lambda = \frac{l}{\delta_u^3} \quad \ldots\ldots \quad 14)$$

so reduziert sich 11) auf die einfache Gleichung

$$\frac{d^4 w}{d\xi^4} + \varkappa w = \lambda \xi \quad \ldots\ldots \quad 15)$$

Durch die Substitution

$$w = \frac{\lambda}{\varkappa} \xi + v \quad \ldots\ldots \quad 16)$$

wird 15) noch einfacher:

$$\frac{d^4 v}{d\xi^4} + \varkappa v = 0 \quad \ldots\ldots \quad 17)$$

Diese Gleichung wird durch den Ansatz $v = e^{\lambda \xi}$ integriert und gibt für λ die Bedingungsgleichung

$$\lambda^4 + \varkappa = 0$$

mit den vier Wurzeln:

$$\lambda_{1,2,3,4} = \sqrt[4]{\frac{\varkappa}{4}} (\pm 1 \pm i) = n (\pm 1 \pm i), \quad n = \left| \sqrt[4]{\frac{\varkappa}{4}} \right| \quad 18)$$

Damit erhält man das „allgemeine Integral" von 15) in der Form

$$\left. \begin{aligned} w = \frac{\lambda}{\varkappa} \xi + a \cos n\xi \operatorname{Cof} n\xi + b \sin n\xi \operatorname{Cof} n\xi \\ + c \cos n\xi \operatorname{Sin} n\xi + d \sin n\xi \operatorname{Sin} n\xi \end{aligned} \right\} \quad . . \quad 19)$$

worin a, b, c, d die Integrationskonstanten sind.

Die Grenzbedingungen lauten hier einfach

$$\left. \begin{aligned} \xi = 1: \quad w &= w' = 0 \\ \xi = 0: \quad w'' &= w''' = 0 \end{aligned} \right\} \quad \ldots\ldots \quad 20)$$

und demgemäß erhalten die Konstanten die Werte:

$$\left. \begin{aligned} a &= \frac{\lambda}{\varkappa} \cdot \frac{\sin n \operatorname{Cof} n + \cos n \operatorname{Sin} n - 2 n \cos n \operatorname{Cof} n}{n (\cos^2 n + \operatorname{Cof}^2 n)} \\ b = c &= \frac{\lambda}{\varkappa} \cdot \frac{n (\cos n \operatorname{Sin} n - \sin n \operatorname{Cof} n) - \cos n \operatorname{Cof} n}{n (\cos^2 n + \operatorname{Cof}^2 n)}, \quad d = 0 \end{aligned} \right| \quad 21)$$

---

[1]) Wir folgen hier der von H. Reißner gegebenen Darstellung.

Eiserne Behälter werden meist in einzelne Teile, Bahnen, mit verschiedenen und zwar nach unten zunehmenden Wandstärken unterteilt. Für jeden solchen Teil gilt die durch 19) definierte Lösung, wobei aber δ_u für die verschiedenen Bahnen verschiedene Werte erhält; die Integrationskonstanten von 19) sind für jeden solchen Teil durch die Randbedingungen bzw. Stetigkeitsbedingungen an der Übergangsstelle (Stoßstelle) bestimmt. Die Stetigkeit verlangt, daß an diesen Übergangsstellen, an denen zwei Bahnen aneinanderstoßen, die Größen

$$w, \quad \frac{dw}{d\xi}, \quad \delta^3 \frac{d^2 w}{d\xi^2} (\sim M_\xi), \quad \delta^3 \frac{d^3 w}{d\xi^3} (\sim Q_\xi)$$

dieselben Werte behalten. Diese Bedingungen geben vier Gleichungen zwischen den acht Konstanten zweier aufeinanderfolgender Platten mittels welcher sich die vier Konstanten einer Platte durch die vier Konstanten der folgenden ausdrücken. Durch Festlegung von zusammen vier Konstanten am oberen und unteren Rande, zum Beispiel durch die oben festgelegten Randbedingungen 20) sind dann alle Konstanten für alle Bahnen bestimmt.

Da eine eingehende Wiedergabe der hierzu erforderlichen Rechnungen den hier zur Verfügung stehenden Raum überschreiten würde, so begnügen wir uns damit, auf die Abhandlung von Professor C. Runge: „Über die Formänderung eines zylindrischen Wasserbehälters durch den Wasserdruck", in der Zeitschr. für Mathematik und Physik, 51. Band (1904) Seite 254 ff. zu verweisen, wo man diese Rechnungen übersichtlich durchgeführt findet.

IV. Methode von H. Reißner für linear veränderliche Wandstärke.

H. Reißner hat im 7. Jahrgange (1908) der Zeitschrift „Beton und Eisen", Seite 150 ff. die folgende Auflösung der Behälterproblems für linear veränderliche Wandstärke veröffentlicht und speziell für den Dreiecksquerschnitt ausführliche numerische Resultate angegeben.

Durch den für eine lineare Veränderlichkeit geltenden Ansatz

$$\delta = \delta_u \cdot \xi \quad . \; . \; . \; . \; . \; . \; . \; . \; . \; . \; . \quad 21)$$

erhält die Gleichung 11) mit Benutzung der Gleichungen 14) die folgende Gestalt:

$$\frac{d^2}{d\xi^2}\left(\xi^3 \frac{d^2 w}{d\xi^2}\right) + \varkappa \xi w - \lambda \xi = 0 \quad . \; . \; . \; . \quad 23)$$

Eine ganz ähnliche Differentialgleichung vierter Ordnung hat Kirchhoff in seiner Abhandlung: „Über die Transversalschwingungen eines Stabes von veränderlichem Querschnitt" (Monatsberichte der Akademie der Wissenschaften zu Berlin, 1879, und „Gesammelte

Abhandlungen“, Seite 339 ff.) bei einem anderen Problem in sehr geschickter Weise in zwei Gleichungen niedrigerer Ordnung zerlegt, und mit Hilfe von Besselschen Funktionen integriert; da aber die Vorzeichenverschiedenheit eines Gliedes zu Besselschen Funktionen komplexen Arguments und höherer Ordnung führt, für die keine Tabellen bestehen, so integriert Reißner die Differentialgleichungen 23) nach einer Methode aus der Theorie der linearen Differentialgleichungen mit Hilfe zweier sehr gut konvergierender Reihen.

Setzt man zunächst

$$w = v + \frac{\lambda}{\varkappa} \quad \quad 24)$$

so wird die Gleichung 23) einfacher

$$\frac{d^2}{d\xi^2}\left(\xi^3 \frac{d^2 v}{d\xi^2}\right) + \varkappa \xi v = 0 \quad \quad 25)$$

Zur Integration dieser Gleichung verwendet man den Ansatz:

$$v = \sum_{n=0}^{n=\infty} A_n \cdot \xi^{p+n} \quad \quad 26)$$

worin die ganze Zahl p durch die Methode selbst bestimmt wird.

Damit nämlich der erste Koeffizient A_0 dieser Entwicklung nicht verschwinde — was das Verschwinden aller folgenden bedeuten würde —, muß p folgender Gleichung genügen:

$$(\text{Koeffizient von } \xi^{p-1}) : p^2 (p-1)(p+1) = 0 \quad . \quad 27)$$

und nach der Methode der unbestimmten Koeffizienten findet man die folgenden Koeffizienten in der Form:

$$\left.\begin{aligned}
A_1 &= A_3 = A_5 = \ldots A_{2i+1} = 0 \\
A_2 &= -\frac{\varkappa}{(p+1)(p+2)(p+3)} \cdot A_0 \\
A_4 &= +\frac{\varkappa^2}{(p+1)(p+2)^2(p+3)^2(p+4)^2(p+5)} \cdot A_0 \\
A_6 &= -\frac{\varkappa^3}{(p+1)(p+2)^2 \ldots (p+6)^2(p+7)} \cdot A_0 \text{ usw.}
\end{aligned}\right\} \quad 28)$$

Die Werte $p = 0$ und $p = 1$ ergeben unmittelbar zwei von einander unabhängige partikuläre Integrale, während die anderen Wurzeln $p = 0$ und $p = -1$ versagen. Aus der Theorie der linearen Differentialgleichungen kann man für diese Fälle die fehlenden zwei partikulären Integrale entnehmen, die mit dem Faktor log ξ als Faktor behaftet sind.

In dem vorliegenden Falle, wo die singuläre Stelle $\xi = 0$ mit zum betrachteten Gebiet gehört, müssen die beiden Konstanten, mit denen die letztgenannten Integrale multipliziert sind, verschwinden, damit für diesen Punkt v (und w) nicht unendlich groß wird.

Tatsächlich sind wegen $\delta_0 = 0$ die Grenzbedingungen (12b) am oberen Rande $\xi = 0$ von selbst erfüllt, so daß zur Bestimmung der beiden übrigbleibenden Integrationskonstanten A_0 und A_0', wie wir sie nennen wollen, die den beiden partikulären Integralen $p = 0$ und $p = 1$ entsprechen, die Bedingungen (12a)

$$\xi = 1, \quad w = \frac{dw}{d\xi} = 0 \quad \ldots \ldots \quad 12\,a)$$

genügen.

Das vollständige Integral der Differentialgleichung 23) ergibt sich daher zu

$$w = \frac{\lambda}{\varkappa} + A_0 \cdot w_1 + A_0' \cdot w_2 \quad \ldots \ldots \ldots \quad 29)$$

wo

$$\left.\begin{aligned} w_1 &= 1 - \frac{\varkappa\,\xi^2}{2!\,3!} + \frac{\varkappa^2\,\xi^4}{4!\,5!} - \frac{\varkappa^3\,\xi^6}{6!\,7!} + \ldots \\ w_2 &= \xi\left(1 - \frac{2\,\varkappa\,\xi^4}{3!\,4!} + \frac{2\,\varkappa^2\,\xi^4}{5!\,6!} - \frac{2\,\varkappa^3\,\xi^6}{7!\,8!} + \ldots\right) \end{aligned}\right\} \quad . \quad 30)$$

Um A_0 und A_0' zu berechnen, setzt man nach 29) für

$$\xi = 1: \; w = w' = 0 \left(w' = \frac{dw}{d\xi}\right)$$

und erhält:

$$A_0\,w_1 + A_0'\,w_2 = -\frac{\lambda}{\varkappa},$$
$$A_0\,w_1' + A_0'\,w_2' = 0$$

woraus folgt

$$\left.\begin{aligned} A_0 &= -\frac{\lambda}{\varkappa}\left[\frac{w_2'}{w_1\,w_2' - w_2\,w_1'}\right]_{\xi=1} \\ A_0' &= \frac{\lambda}{\varkappa}\left[\frac{w_1'}{w_1\,w_2' - w_2\,w_1'}\right]_{\xi=1} \end{aligned}\right\} \quad . \; . \quad 31)$$

Es ist dabei also:

$$\left.\begin{aligned} w_1' &= -\frac{2\,\varkappa}{2!\,3!} + \frac{4\,\varkappa^2}{4!\,5!} - \frac{6\,\varkappa^3}{6!\,7!} + \ldots \\ w_2' &= 1 - \frac{3 \cdot 2\,\varkappa}{3!\,4!} + \frac{5 \cdot 2\,\varkappa^2}{5!\,6!} - \frac{7 \cdot 2\,\varkappa^3}{7!\,8!} + \ldots \end{aligned}\right\} \quad . \; . \quad 32)$$

Für das ganze elastische Verhalten des Behälters ist nur die Größe

$$\varkappa = \frac{12\,h^4\,(1 - m^2)}{a^2 \cdot \delta_u^2}$$

maßgebend: alle Behälter mit demselben $\varkappa$ sind elastisch äquivalent.

Nach dieser Methode ist durch die Gleichung 29) [mit 30), 31), 32)] die Formänderung des Behälters dargestellt.

Wenn der Nullpunkt ($\delta_0 = 0$), wie beim trapezförmigen Querschnitt, nicht im Koordinatenanfangspunkt liegt, so treten zu der allgemeinen Lösung noch die zwei erwähnten logarithmischen Integrale hinzu, so daß diese Methode auch für trapezförmige Querschnitte brauchbar wird; die Erweiterung auf diesen Fall wurde von H. Reißner nicht weiter ausgeführt; es dürfte auch die Bestimmung der Konstanten A_i erheblich komplizierter werden.

Nach Erörterung dieser Methode, die von allen bisher bekannten die exakteste ist, gehen wir zur eingehenden Besprechung der vom Verfasser selbst durchgearbeiteten Methode über, welche für Querschnitte von fast beliebiger Form anwendbar ist.

V. Methode des Verfassers nach W. Ritz.

Die Anwendbarkeit der Methode von W. Ritz beruht darauf, daß das Problem der Ermittlung der Spannungsverteilung und Formänderungen in zylindrischen Behälterwänden als Minimalproblem eines bestimmten Integrals aufgefaßt werden kann; und zwar stellt das Integral die Formänderungsarbeit des deformierten Systems und das entsprechende Variationsproblem das sogenannte Prinzip der kleinsten Formänderungsarbeit dar.

1. Aufstellung des Problems als Variationsproblem nach dem Prinzip der kleinsten Formänderungsarbeit.

Es handelt sich also zunächst darum, den Ausdruck für die Formänderungsarbeit der als homogen vorausgesetzten Behälterwand mit beliebig veränderlichem Querschnitt aufzustellen, wobei wie bisher an der Gültigkeit des Hookeschen Gesetzes festgehalten wird; da wir den Behälter mit Flüssigkeit gefüllt betrachten, so haben wir auch die Arbeit des Flüssigkeitsdruckes (als äußere Kraft) einzubeziehen. Die Behälterwand wird unten eingespannt angenommen, ihr oberer Rand ist frei.

Die gesamte Formänderungsarbeit eines Streifens von der Breite 1 setzt sich zusammen:

1. aus der Arbeit der Biegung (für ein Element von der Länge dx:

$$dA_1 = \frac{1}{2} \frac{M_x^2}{E\,J_{/1-m^2}}\,dx$$

   wegen der behinderten Querdehnung),
2. aus der Arbeit der Dehnung,
3. aus der Arbeit der äußeren Kraft, die der Tiefe x an jeder Stelle proportional ist.

Es ist also der folgende Ausdruck zu einem Minimum zu machen:

$$A = \int_0^h \left[\frac{1}{2} \frac{M_x^2}{E\,J/_{1-m^2}} + \frac{1}{2} E\,\delta \cdot \varepsilon_2^2 - \gamma\, x\, w \right] dx = \text{Min.} \qquad 33)$$

Wenn wir die obigen Werte einsetzen, so erhalten wir (bis auf einen unwesentlichen Faktor):

$$A = \int_0^h \left[\frac{1}{2} \delta^3 \left(\frac{d^2 w}{dx^2} \right)^2 + \frac{1}{2} \frac{12(1-m^2)}{a^2} \cdot \delta \cdot w^2 \right.$$

$$\left. - \frac{12(1-m^2)\gamma}{E} \cdot x \cdot w \right] dx \quad \ldots\ldots \quad 34)$$

Setzen wir nun wie früher zur Abkürzung

$$\xi = \frac{x}{h} \quad \ldots\ldots\ldots\ldots \quad 9)$$

und

$$k = \frac{12\,h^4\,(1-m^2)}{a^2}, \quad l = \frac{12\,h^5\,(1-m^2)\,\gamma}{E}, \quad \ldots \quad 10)$$

so erhalten wir (bis auf einen unwesentlichen Faktor)

$$A = \int_0^1 \left[\frac{1}{2} \delta^3 \left(\frac{d^2 w}{d\xi^2} \right)^2 + \frac{1}{2} k \cdot \delta \cdot w^2 - l\,\xi\,w \right] d\xi \quad \ldots \quad 35)$$

An diesen Ausdruck werden wir alle folgenden Entwicklungen anknüpfen. Die unbekannte Funktion $w = w(\xi)$ ist so zu bestimmen, daß A einen kleinsten Wert enthält.

2. Zusammenhang der Differentialgleichung mit dem Variationsproblem.

Die erste notwendige Bedingung (d. i. die einzige, die hier in Betracht kommt) für das Minimum des Integrales

$$J = \int_1^2 F\left(\frac{d^2 w}{dx^2}, \frac{dw}{dw}, w, x \right) dx, \quad \ldots\ldots \quad 36)$$

worin F eine bekannte Funktion seiner Argumente darstellt, besteht, wie die Variationsrechnung lehrt, in dem Verschwinden der Lagrangeschen Ableitung

$$\frac{d^2}{dx^2}\left(\frac{\partial F}{\partial w''} \right) - \frac{d}{dx}\left(\frac{\partial F}{\partial w'} \right) + \frac{\partial F}{\partial w} = 0 \quad \ldots\ldots \quad 37)$$

$\left(w' = \frac{dw}{d\xi} \text{ usw.} \right)$, welche Gleichung als Differentialgleichung für die unbekannte Funktion w zu betrachten ist.

Man erhält die Bedingung dafür, daß ein bestimmtes Integral J ein Minimum ist, durch den folgenden Weg, der von Lagrange herrührt, und dessen sinngemäße Anwendung in allen vorkommenden Fällen (wie z. B. bei mehrfachen Integralen oder mehreren unbekannten Funktionen usw.) zum Ziele führt; die Lagrangesche Schlußweise reduziert das Variationsproblem J = min. auf ein gewöhnliches Maximum-Minimum-Problem.

Der Gedankengang ist der folgende: Man denke sich; die unbekannte Funktion sei gefunden, sie sei $w = w(x)$. Soll das Integral J für diese Funktion einen extremen Wert erhalten, so muß dieser Wert für die „Umgebung" der durch $w = w(x)$ definierten Kurve stationär sein. Damit ist folgendes gemeint: Betrachtenwir eine zu w (x) benachbarte Kurve

$$W = w(x) + \varepsilon \cdot \eta(x) \quad . \quad . \quad 38)$$

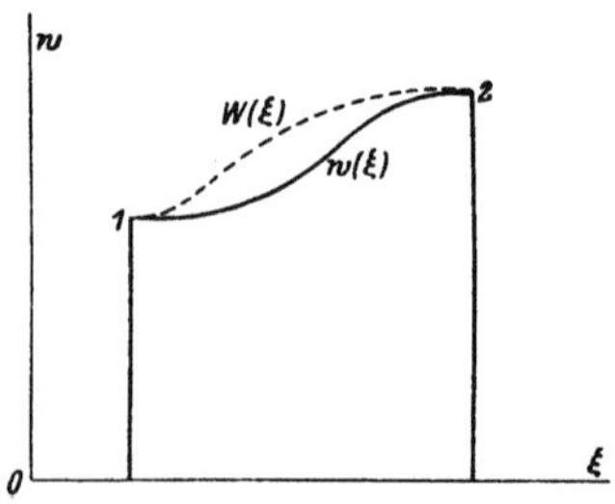

Fig. 2.

die man als Variation der ursprünglichen bezeichnet; darin bedeute $\eta(x)$ eine Funktion, die nur den Bedingungen genügt, daß sie im Anfangs- und Endpunkte von w in Ordinate und Tangente mit w übereinstimmt (siehe Fig. 2), in Zeichen:

$$\eta(1) = \eta(2) = \eta'(1) = \eta'(2) = 0 \quad . \quad 39)$$

im übrigen aber vollständig willkürlich ist. ε bedeutet eine kleine Konstante, die die Kurven W auf eine gewisse Nachbarschaft der Kurve w einschränkt.

Setzen wir nun diese Funktion W in das Integral J ein und betrachten wir den Wert dieses Integrals in seiner Abhängigkeit von der Größe ε, so schreiben wir

$$J(\varepsilon) = \int_1^2 F(w'' + \varepsilon\eta'', \ w' + \varepsilon\eta', \ w + \varepsilon\eta, \ x)\, dx \quad . \quad . \quad 40)$$

Die Funktion W geht für $\varepsilon = 0$ in w über, und für $\varepsilon = 0$ soll gleichzeitig das Integral J (ε) einen extremen Wert erhalten oder stationär sein. Das heißt aber, daß die Ableitung von J (ε) nach ε für $\varepsilon = 0$ verschwinden muß. Wir schreiben dies in der Form:

$$\left(\frac{dJ}{d\varepsilon}\right)_{\varepsilon=0} = 0 = \int_1^2 \left(\eta'' \frac{\partial F}{\partial w''} + \eta' \frac{\partial F}{\partial w'} + \eta \frac{\partial F}{\partial w}\right) dx \quad . \quad 41)$$

Nun werden die Integrale über die beiden ersten dieser Summanden durch partielle Integration umgeformt; es ist

$$\int_1^2 \eta' \frac{\partial F}{\partial w'} dx = \left[\eta \frac{\partial F}{\partial w'}\right]_1^2 - \int_1^2 \eta \frac{d}{dx}\left(\frac{\partial F}{\partial w'}\right) dx$$

$$\int_1^2 \eta'' \frac{\partial F}{\partial w''} dx = \left[\eta' \frac{\partial F}{\partial w''}\right]_1^2 - \left[\eta \frac{d}{dx}\left(\frac{\partial F}{\partial w''}\right)\right]_1^2 + \int_1^2 \eta \frac{d^2}{dx^2}\left(\frac{\partial F}{\partial w''}\right) dx$$

und da wegen der Bedingungen, die wir der Funktion η auferlegt haben, alle außerhalb der Integrale stehenden Glieder verschwinden, so bleibt nur übrig:

$$\left(\frac{dJ}{d\varepsilon}\right)_{\varepsilon=0} = \int_1^2 \eta \left[\frac{d^2}{dx^2}\left(\frac{\partial F}{\partial w''}\right) - \frac{d}{dx}\left(\frac{\partial F}{\partial w'}\right) + \frac{\partial F}{\partial w}\right] dx = 0 \,. \qquad 42)$$

Da nun η eine ganz willkürliche Funktion ist, so kann diese Bedingung (i. a.) nur dann erfüllt seien, wenn der Ausdruck in der eckigen Klammer verschwindet, wodurch die Lagrangesche Differentialgleichung 37) gewonnen ist.

Wir bekommen demgemäß als Differentialgleichung für das durch $A = \text{min.}$ gegebene Variationsproblem 35)

$$\frac{d^2}{d\xi^2}\left(\delta^3 \frac{d^2 w}{d\xi^2}\right) + k \cdot \delta \cdot w - 1 \,\xi = 0 \quad . \; . \; . \; . \quad 11)$$

welche Gleichung von Reißner (siehe Abschnitt IV.) direkt abgeleitet und für den Fall linear veränderlicher Wandstärke nach allgemeinen Methoden aus der Theorie der linearen Differentialgleichungen mit nicht konstanten Koeffizienten gelöst wurde.

3. Erklärung der Methode von W. Ritz.

Zur näherungsweisen Auflösung dieses Problems soll nun, wie gesagt, die Methode von W. Ritz verwendet werden, die sich kurz so darstellen läßt: wir approximieren die gesuchte Lösung durch eine Reihe von Polynomen P_n durch einen Ansatz von der Form:

$$w_n = a_1 P_1 + a_2 P_2 + \; . \; . \; . \; . + a_n P_n \quad . \; . \; . \; . \quad 43)$$

wobei die Polynome so gewählt sind, daß sie einzeln die durch 12) gegebenen Randbedingungen befriedigen. Dann setzen wir w_n für die gesuchte Lösung w in den Ausdruck 35) für die Formänderungsarbeit A und bestimmen die Koeffizienten $a_1, a_2 \ldots a_n$ so, daß A, worin nun die Integrationen ausgeführt werden können, und welches durch die Substitution eine nicht homogene quadratische Funktion der $a_1, a_2, \ldots a_n$ wird, einen extremen Wert erhält, d. h., da wir dadurch ein gewöhnliches Extremalproblem erhalten haben, so, daß

$$\frac{\partial A}{\partial a_1} = 0, \quad \frac{\partial A}{\partial a_2} = 0, \ldots . \frac{\partial A}{\partial a_n} = 0 \quad . \quad . \quad . \quad . \quad 44)$$

Man erhält so für jede Annäherungsfunktion w ein System von gewöhnlichen (nicht homogenen) linearen Gleichungen, deren Determinante nicht verschwindet. Denn setzt man (nach Ritz)

$$\alpha_{pq} = \alpha_{qp} = \int_0^1 [\delta^3 \cdot P_p'' \cdot P_q'' + k \cdot \delta \cdot P_p \cdot P_q] \, d\xi,$$

$$\alpha_p = l \int_0^1 \xi \, P_p \, d\xi,$$

so lautet das Gleichungssystem 44) einfach

$$\sum_{p=1}^{n} \alpha_{pq} \, a_p = \alpha_q, \; (q = 1, 2 \ldots n) \quad . \quad . \quad . \quad . \quad 45)$$

Die Lösung von 44) und 45) ist immer möglich und eindeutig, weil die quadratische Form

$$\sum_{p,q} \alpha_{pq} \cdot a_p \, a_q = \frac{1}{2} \int_0^1 [\delta^3 \, w_n''^2 + k \cdot \delta \cdot w_n^2] \, d\xi$$

stets positiv ist und nur für $w_n \equiv 0$ verschwindet.

Die Auflösung der Gleichungen 44) [bzw. 45)] liefert die Koeffizienten $a_1, a_2 \ldots a_n$ für die Funktion w_n; man erhält natürlich für jedes n andere Koeffizienten a_i, die ihrerseits gegen bestimmte Grenzwerte konvergieren.

Die Methode gilt — allgemein — für alle Probleme, die aus einem Variationsproblem ableitbar sind (wozu insbesondere fast alle in der Technik vorkommenden Gleichgewichtsaufgaben gehören), wenn auch ihre allgemeine Zulässigkeit von Bedingungen abhängt, die heute noch nicht vollkommen angeführt werden können, und auch in den meisten Fällen die vollständigen Konvergenzbeweise nicht zu erbringen sind.

Die Methode liefert um so rascher brauchbare Werte, je besser man die Funktionen P_i (die i. a. natürlich durchaus nicht Polynome sein müssen) gewählt hat. Praktisch kommt es natürlich auch auf die Größe der Rechenarbeit an, die ihre Einführung mit sich bringt. Für das gegebene Problem dürften sich aber die gewählten, nach Polynomen fortschreitenden Reihen wohl am besten eignen. Es handelt sich dabei nicht allein um die Bestimmung der Formänderung $w = w(\xi)$, sondern insbesondere auch um die Bestimmung der Biegungsmomente M_x, die im wesentlichen durch die zweiten Differentialquotienten $\frac{d^2 w}{d\xi^2}$ gegeben sind. Es ist nun eine Eigenschaft solcher (interpolarischer) Annäherungsfunktionen w_n, daß sie i. a. bei beliebig oft wiederholter Differentiation nicht brauchbar bleiben, so daß besondere Bedingungen erfüllt sein müssen, wenn auch der zweite oder ein höherer Differentialquotient noch eine richtige Darstellung liefern soll. Allein man kann, wenn man sich auf nicht zu große Werte von $\varkappa$ (s. unten) beschränkt, durch Steigerung der Zahl der Annäherungen (es genügen auch hierbei meist 3) auch für die Momente brauchbare Werte erhalten.

Aus der Form der Bedingungsgleichungen 44), welche die Koeffizienten in der Entwicklung 43) definieren, erhellt sofort, daß die Methode in enger Beziehung steht mit der Behandlung statisch unbestimmter Systeme, wie sie durch O. Mohr begründet, seit langem in der Statik der Baukonstruktionen allgemein angewendet wird. Die Koeffizienten $a_1, a_2, \ldots$ sind nichts anderes als im gewissen Sinne verallgemeinerte statisch unbestimmbare Größen: bei den unendlich vielfach statisch unbestimmten Systemen gibt es eben unendlich viele solcher Größen $a_1, a_2, \ldots$, die zur Kennzeichnung der resultierenden Formänderung notwendig sind. Die dadurch gegebenen eigentümlichen Beziehungen mit bekannten Resultaten, auf die hier nur verwiesen werden kann, werden vom Verfasser an anderer Stelle ausführlich dargelegt werden.

4. Über das Prinzip der kleinsten Formänderungsarbeit.

Was nun das Prinzip der kleinsten Formänderungsarbeit selbst anlangt, das wir hier zugrunde gelegt haben, so liegen dafür mehrere Beweise vor und Versuche, um seinen Inhalt vollkommen klarzustellen. Einen allgemeinen Beweis von großer Einfachheit pflegt Herr Professor Dr. Ph. Forchheimer seit Jahren in seinen Vorlesungen zu geben, den ich mit seiner freundlichen Erlaubnis hier mitteilen möchte[1]).

Wenn das Superpositionsgesetz gilt (was ausdrücklich zu betonen ist), so ist die Senkung eines elastischen Systems unter gegebenen Lasten unabhängig von dem ursprünglichen Zustande des Systems. Da nun, wenn man Lasten aufbringt, die Arbeit der sinkenden Lasten gleich sein muß der hinzukommenden Arbeit der hierbei entstehenden inneren Kräfte, und da die Senkungen, wie gesagt, unabhängig von den ursprünglichen inneren Kräften sind, folgt weiter, daß dann die

[1]) Man vergleiche: J. Weingarten, Archiv für Math., 3. Reihe, 2. Band (1902); Fränkel, Zeitschr. d. Arch.- u. Ing.-Ver., Hannover (1882); Mohr, Wochenblatt f. Arch. u. Ing. (1883); s. auch Mehrtens, „Vorlesungen“, III. Bd., S. 235 ff. Bezüglich der Montagespannungen vergleiche auch eine vor kurzen erschienene interessante Arbeit von P. Franck, Monatshefte für Math. u. Phys. (1912).

„Lastsenkungsarbeit“ selbst von dem ursprünglichen Zustande unabhängig ist. Außer der Lastsenkungsarbeit ist im System jene Arbeit enthalten, welche beim „Montieren“ des Systems von den Arbeitern verrichtet werden mußte, weil die Glieder nicht genau in den richtigen Dimensionen hergestellt werden konnten. Diese „Montagearbeit“ kann übrigens auch in einem ursprünglich spannungslosen und temperaturgleichen System durch ungleiche Erwärmung der einzelnen Systemteile nachträglich erzeugt werden.

Die Gesamtarbeit im System ist nach dem Gesagten gleich der Montagearbeit plus der für die gegebenen Lasten konstanten Lastsenkungsarbeit. Von den unendlich vielen möglichen Spannungsverteilungen entspricht also bei gleichförmiger Temperatur diejenige dem ursprünglich spannungslosen Zustand, bei welcher die Montagearbeit (die nicht negativ sein kann) so klein als möglich, d. h. Null war, oder die Formänderungsarbeit ein Minimum ist; unter Formänderungsarbeit ist dabei die Summe der Arbeiten verstanden, die dazu notwendig waren, die einzelnen Systemglieder aus dem spannungslosen in jenen Zustand zu bringen, den sie im belasteten System haben.

5. Behälterwand mit Dreiecksquerschnitt.

Für die Behälterwand mit Dreiecksquerschnitt machen wir den Ansatz:

$$\delta = \delta_u \cdot \xi \qquad \text{21)}$$

Setzen wir dann noch wie früher

$$\left.\begin{aligned} \varkappa &= \frac{k}{\delta_u{}^2} = \frac{12\, h^4 (1 - m^2)}{a^2\, \delta_u{}^2} \\ \lambda &= \frac{l}{\delta_u{}^3} = \frac{12\, h^5 (1 - m^2)\, \gamma}{E\, \delta_u{}^3}, \end{aligned}\right\} \qquad \text{14)}$$

so nimmt der Ausdruck 35) für A (bis auf einen unwesentlichen Faktor) die einfachere Form an:

$$A = \int_0^1 \left[\frac{1}{2}\xi^3 \left(\frac{d^2 w}{d\xi^2}\right)^2 + \frac{\varkappa}{2}\xi\, w^2 - \lambda\, \xi\, w\right] d\xi = \text{Min}. \qquad \text{46)}$$

Wir approximieren die gesuchte Lösung

$$w = w\,(\xi)$$

durch den unmittelbar sich darbietenden Ansatz

$$w_n = (\xi - 1)^2\, (a_1 + a_2\, \xi + a_3\, \xi^2 + \ldots + a_n\, \xi^n) \qquad \text{47)}$$

von welchem jedes Glied einzeln die beiden ersten der Grenzbedingungen 12) erfüllt, während den beiden andern Bedingungen wegen $\delta_0 = 0$

identisch genügt wird. Die Koeffizienten $a_1, a_2 \ldots a_n$ sind dann durch die in Abschnitt 3 angegebene Methode von W. Ritz zu bestimmen; wir wollen das erstemal den Gang der Rechnung ausführlicher durchführen, damit wir uns bei den Wiederholungen ganz kurz fassen können.

Es kommen dabei gewisse bestimmte Integrale vor, die alle durch folgende allgemeine Formel erledigt werden:

$$J_{m,n} = \int_0^1 \xi^m (\xi - 1)^n \, d\xi = \frac{m!\,(-1)^n}{(n+1)(n+2)\ldots(n+m+1)} \quad . \qquad 48)$$

Insbesondere ist

$$\left.\begin{array}{l} J_{0,2} = \frac{1}{3}, \quad J_{1,2} = \frac{1}{12}, \quad J_{2,2} = \frac{1}{30}, \quad J_{3,2} = \frac{1}{60}, \quad \text{usw.}, \\ J_{0,4} = \frac{1}{5}, \quad J_{1,4} = \frac{1}{30}, \quad J_{2,4} = \frac{1}{105}, \quad J_{3,4} = \frac{1}{280}, \quad \text{usw.} \end{array}\right\} \qquad 48')$$

Als 1. Annäherung nehmen wir

$$w_1 = a_1 (\xi - 1)^2 \quad \ldots \ldots \ldots \quad 49)$$

und bilden

$$w_1' = 2\, a_1 (\xi - 1), \; w_1'' = 2\, a_1.$$

Dies setzen wir in den Ausdruck 46) ein und erhalten mit Benutzung von 48) (wenn wir den Wert, den A durch Einsetzen der i-ten Annäherung annimmt, mit A_i bezeichnen)

$$A_1 = \frac{{a_1}^2}{2}\left(1 + \frac{\varkappa}{30}\right) - \lambda\, a_1 \cdot \frac{1}{12};$$

wir bilden nun

$$\frac{\partial A_1}{\partial a_1} = 0 = a_1\left(1 + \frac{\varkappa}{30}\right) - \frac{\lambda}{12},$$

woraus folgt

$$a_1 = \lambda \cdot \frac{5}{60 + 2\varkappa},$$

und weiter

$$\frac{w_1}{\lambda} = \frac{5}{60 + 2\varkappa} (\xi - 1)^2,$$

was allerdings noch Fehler enthalten würde, die im Maximum für $\varkappa = 10$: 8 % und für $\varkappa = 100$ noch viel mehr betragen würden. Die Fehler sind bei der 1. Annäherung relativ groß, weil durch die Wahl von 49) über die Form der elastischen Linie der gedehnten Behälterwand eine viel zu spezielle Annahme getroffen wird; tatsächlich unterscheidet sich die durch 49) dargestellte Parabel besonders für größere Werte von $\varkappa$ beträchtlich von den sich wirklich ergebenden Formen.

Weit bessere Ergebnisse erhalten wir schon durch die 2. Annäherung:

$$w_2 = (\xi - 1)^2 (a_1 + a_2 \xi),$$

wobei also

$$w_2' = (\xi - 1)(2 a_1 - a_2 + 3 a_2 \xi),$$

$$w_2'' = 2 (a_1 - 2 a_2 + 3 a_2 \xi) \quad \ldots\ldots\ldots \quad 50)$$

dann geht A nach 46) über in

$$A_2 = \frac{1}{2} a_1^2 \left(1 + \frac{\varkappa}{30}\right) + a_1 a_2 \left(\frac{2}{5} + \frac{\varkappa}{105}\right) + a_2^2 \left(\frac{1}{5} + \frac{\varkappa}{560}\right) - \lambda \left(\frac{a_1}{12} + \frac{a_2}{30}\right).$$

Durch partielle Differentiation nach a_1 und a_2 erhalten wir dann nach 44) die folgenden beiden linearen Gleichungen als Bestimmungsgleichungen für die Koeffizienten $a_1\, a_2$:

$$\left.\begin{aligned} a_1 \left(1 + \frac{\varkappa}{30}\right) + a_2 \left(\frac{2}{5} + \frac{\varkappa}{105}\right) &= \frac{\lambda}{12}, \\ a_1 \left(\frac{2}{5} + \frac{\varkappa}{105}\right) + a_2 \left(\frac{2}{5} + \frac{\varkappa}{280}\right) &= \frac{\lambda}{30}, \end{aligned}\right\} \quad \ldots \quad 51)$$

deren Auflösung liefert:

$$\left.\begin{aligned} \Delta_2 \cdot \frac{a_1}{\lambda} &= 0{,}02 - 0{,}(4)1984\, \varkappa^{1)}, \\ \Delta_2 \cdot \frac{a_2}{\lambda} &= 0{,}(3)31746\, \varkappa, \end{aligned}\right\} \quad \ldots\ldots \quad 52)$$

wobei

$$\Delta_2 = 0{,}24 + 0{,}(2)92857\, \varkappa + 0{,}(4)283447\, \varkappa^2.$$

In diesem Falle ist der Fehler in w für $\varkappa = 10$ etwa $^2/_3$ %, für $\varkappa = 100$: 1,9 %, die Werte sind also bereits sehr brauchbar (verglichen mit den Resultaten von H. Reißner a. a. O.).

Aus diesen Formeln folgt z. B. für:

$$\varkappa = 10, \quad \frac{a_1}{\lambda} = 0{,}0589, \quad \frac{a_2}{\lambda} = 0{,}00946,$$

$$\varkappa = 100, \quad\quad = 0{,}0124, \quad\quad = 0{,}0218,$$

3. Annäherung:

$$w_3 = (\xi - 1)^2 (a_1 + a_2 \xi + a_3 \xi^2) \quad \ldots\ldots \quad 53)$$

und

$$w_3'' = 2 a_3 (\xi - 1)^2 + 4 (a_2 + 2 a_3 \xi)(\xi - 1) + 2 (a_1 + a_2 \xi + a_3 \xi^2) \quad . \quad 53')$$

---

[1]) Durch (n) deuten wir an, daß hinter dem Dezimalkomma vor der ersten Ziffer n Nullen stehen.

oder, welche Form für die Ausrechnung der Biegungsmomente geeigneter ist:

$$w_3'' = 2(a_1 + a_2 + a_3) + 6\,a_2(\xi - 1) + 12\,a_3\,\xi(\xi - 1) \qquad 53'')$$

In diesem Falle erhalten wir die linearen Gleichungen:

$$\left.\begin{aligned} a_1\left(1 + \frac{\varkappa}{30}\right) + a_2\left(\frac{2}{5} + \frac{\varkappa}{105}\right) + a_3\left(\frac{1}{5} + \frac{\varkappa}{280}\right) &= \frac{1}{12}\lambda, \\ a_1\left(\frac{2}{5} + \frac{\varkappa}{105}\right) + a_2\left(\frac{2}{5} + \frac{\varkappa}{280}\right) + a_3\left(\frac{2}{7} + \frac{\varkappa}{630}\right) &= \frac{1}{30}\lambda, \\ a_1\left(\frac{1}{5} + \frac{\varkappa}{280}\right) + a_2\left(\frac{2}{7} + \frac{\varkappa}{630}\right) + a_3\left(\frac{9}{35} + \frac{\varkappa}{1260}\right) &= \frac{1}{60}\lambda, \end{aligned}\right\} \qquad 54)$$

deren Auflösung liefert:

$$\left.\begin{aligned} \Delta_3 \cdot \frac{a_1}{\lambda} &= 0{,}081633 + 0{,}(6)2624\,\varkappa^2, \\ \Delta_3 \cdot \frac{a_2}{\lambda} &= 0{,}001587\,\varkappa + 0{,}(5)15747\,\varkappa^2, \\ \Delta_3 \cdot \frac{a_3}{\lambda} &= -\,0{,}(3)3401\,\varkappa + 0{,}(5)39368\,\varkappa^2, \end{aligned}\right\} \quad . \; . \; 55)$$

worin

$$\Delta_3 = 0{,}9796 + 0{,}039455\,\varkappa + 0{,}(3)171867\,\varkappa^2 + 0{,}(7)9320\,\varkappa^3$$ [1])

Aus diesen Gleichungen ergibt sich z. B. für

$\varkappa = 10$:

$$\frac{a_1}{\lambda} = 0{,}05869, \quad \frac{a_2}{\lambda} = 0{,}0113, \quad \frac{a_3}{\lambda} = -\,0{,}002164,$$

$\varkappa = 100$:

$$\frac{a_1}{\lambda} = 0{,}01251, \quad \frac{a_2}{\lambda} = 0{,}0212, \quad \frac{a_3}{\lambda} = 0{,}00079.$$

Der Vergleich mit den früher gefundenen Werten (insbesondere für $\frac{a_1}{\lambda}$) zeigt schon eine sehr gute Konvergenz.

Das ganze elastische Verhalten des Behälters hängt, wie schon früher bemerkt wurde, im wesentlichen von der Größe $\varkappa$ ab; dies tritt auch in diesen Formeln deutlich zutage. Höhere Annäherungen werden vorteilhaft nicht mehr durch direkte Auflösung der linearen Gleichungen bestimmt, die bei mehr als drei Unbekannten schon recht langwierig würde, sondern es können in den nächstfolgenden Gleichungssystemen

[1]) Die Determinanten Δ sind unter allen Umständen positiv, wie auf Seite 14 bewiesen wurde. Daher kann sich niemals ein sinnloses Resultat ergeben.

durch Ermittlung der Korrektionen die Werte fortgesetzt verbessert werden, da man durch die ersten Annäherungen jedenfalls schon sehr brauchbare Werte erhält.

Dem Werte $\varkappa = 0$ entspricht die gerade Wand ($a = \infty$).

Das Biegungsmoment an der Stelle ξ ist dann (für $\gamma = 10^3$) gegeben durch 4) in der Form:

$$M_x = \frac{J}{J_u} \cdot h^3 \cdot 10^3 \cdot \frac{1}{\lambda} \cdot \frac{d^2w}{d\xi^2} = \frac{1}{\lambda} \xi^3 \cdot \frac{d^2w}{d\xi^2} \cdot 10^3 \cdot h^3 = C \cdot h^3 \quad . \; 56)$$

wenn gesetzt wird:

$$C = \frac{1}{\lambda} \cdot \frac{d^2w}{d\xi^2} \cdot \xi^3 \cdot 10^3 \; . \; . \; . \; . \; . \; . \; . \; . \; 57)$$

Auf Grund der obigen Werte erhält man folgende Tabelle I, in der auch die Größen C zur Darstellung der Biegungsmomente eingetragen sind, wie sie sich durch Benutzung von w'' nach 53′) oder 53″) ergeben; es zeigt sich, daß auch die zweiten (und dritten) Differentialquotienten noch gut brauchbare Werte ergeben.

Tabelle I.

ξ	$\varkappa = 10$		$\varkappa = 100$	
	$w/\lambda \cdot 10^3$	C	$w/\lambda \cdot 10^3$	C
0,0	58,69	0,000	12,506	0,000
0,1	48,43	0,077	11,855	—0,046
0,2	38,95	0,685	10,740	—0,275
0,3	30,32	2,529	9,282	—0,595
0,4	22,63	6,648	7,603	—0,616
0,5	15,95	13,656	5,828	0,374
0,6	10,35	24,814	4,063	3,418
0,7	5,90	41,424	2,497	9,893
0,8	2,65	64,620	1,199	21,531
0,9	0,67	95,659	0,322	40,424
1,0	0,00	135,650	0,000	69,042

Durch die Koeffizienten a_1, a_2, a_3 ist die Verschiebung am oberen Rande des Behälters und das Biegungsmoment an der Einspannungsstelle in ganz besonders einfacher Weise ausgedrückt:

Für $\xi = 0$ erhalten wir nämlich die Verschiebung am oberen Rande

$$(w)_{\xi=0} = a_1 \; . \; . \; . \; . \; . \; . \; . \; . \; . \; . \; . \; 58)$$

und für $\xi = 1$ das Biegungsmoment an der Einspannungsstelle

$$(M_x)_{\xi=1} = (C)_{\xi=1} \cdot h^3$$

wobei

$$(C)_{\xi=1} = 2\,(a_1 + a_2 + a_3) \; . \; . \; . \; . \; . \; . \; . \; . \; . \; 58')$$

Auf Grund der Formeln 25) ist es leicht möglich, die Werte der drei Koeffizienten a_1, a_2, a_3 als Funktion von $\varkappa$ in Kurven aufzutragen und damit für jedes $\varkappa$ eine für den praktischen Gebrauch hinreichend genaue einfache Darstellung zu erhalten. Wie man an Tabelle 1 sieht, ist der Fehler (gegen Reißner) bei $\varkappa = 100$ für w kleiner als 1 %, für C in der Nähe der Einspannungsstelle, die allein in Betracht kommt, kleiner als 2 %, die Formeln 25) werden also von $\varkappa = 0$ bis etwa 500 vollkommen ausreichen.

Mit Hilfe der Werte für w ergeben sich dann die Ringspannungen an jeder Stelle nach der Formel 2), die sich mit Benützung von einfach in der Form schreibt:

$$S\varphi = E \cdot \delta \cdot \frac{w}{a} = \left(\frac{w}{\lambda} \cdot 10^3\right) \cdot \frac{\varkappa\, h\, a}{\delta_u} \cdot \delta \quad . \quad . \quad . \quad . \quad 59)$$

sind also für Dreieckquerschnitt [mit 21)]

$$S\varphi = \left(\frac{w}{\lambda} \cdot 10^3\right) \cdot \varkappa\, h\, a \cdot \xi \quad . \quad . \quad . \quad . \quad . \quad . \quad 60')$$

6. Behälterwand mit Rechtecksquerschnitt.

Für den Fall konstanter Wandstärke ist die Lösung der dafür geltenden Differentialgleichung 11) mit $\delta = \delta_u = \text{const}$ in geschlossener Form durch trigonometrische und Exponentialfunktionen möglich und zuerst von Müller - Breslau gegeben worden. Wenn man also Behälter mit konstanter Wandstärke zu behandeln hat, oder solche, die sich annähernd wie diese verhalten (wie sehr hohe Behälter mit sehr langsam veränderlichem Querschnitt), so wird man wohl mit Vorteil diese strenge Lösung zugrunde legen; für den Fall absatzweise veränderlicher Wandstärke erweisen sich die von C. Runge ausgeführten Vereinfachungen der Rechnung als sehr wesentlich[1]). (Siehe Abschnitt III.)

Wir verwenden auch für diesen Fall die oben auseinandergesetzte Methode und können die strenge Lösung durch wenige Polynome mit genügender Genauigkeit approximieren. Die Polynome selbst sind hier jedoch nicht ganz so einfach wie im ersten Fall, denn die 3. und 4. der Grenzbedingungen 12), die für $\delta_0 = 0$ identisch erfüllt sind, verlangen für $\delta_0 \neq 0$ besondere Berücksichtigung.

Setzen wir also

$$\delta = \delta_u = \text{const}$$

und wieder

$$\frac{k}{\delta_u^2} = \varkappa, \quad \frac{l}{\delta_u^3} = \lambda, \quad . \quad . \quad . \quad . \quad . \quad . \quad . \quad 14)$$

so wird das Variationsproblem 35)

$$A = \int_0^1 \left[\frac{1}{2}\left(\frac{d^2 w}{d\xi^2}\right)^2 + \frac{\varkappa}{2} w^2 - \lambda\, \xi\, w\right] d\xi = \text{Min} \quad . \quad . \quad 60)$$

[1]) Zeitschr. f. Math., Bd. 51, 1904, S. 254 ff.

woraus als Lagrangesche Ableitung die bekannte Gleichung folgen würde:

$$\frac{d^4 w}{d\xi^4} + \varkappa w - \lambda \xi = 0 \text{ [1]} \quad . \quad . \quad . \quad . \quad . \quad . \quad 15)$$

Wenn wir hier die Lösung durch Polynome von der Form approximieren:

$$w_n = a_1 + a_2 \xi + \ldots + a_n \xi^n \quad . \quad . \quad . \quad 61)$$

so erfordert die dritte und vierte der Grenzbedingungen 12), daß alle Glieder mit 2. und 3. Potenzen in ξ verschwinden. Zur Erfüllung der beiden ersten ist es günstig, je 3 Glieder in dieser Entwicklung in folgender Weise zusammenzufassen:

$$w_n = (a_{11} + a_{12} \xi + a_{13} \xi^4) + (a_{21} + a_{22} \xi^4 + a_{23} \xi^5) + \ldots + (a_{n-3,1} \xi^{n-2} + a_{n-3,2} \xi^{n-1} + a_{n-3,3} \xi^n) \quad . \quad . \quad 62)$$

Mit jedem solchen Trinom ist es möglich, die beiden ersten Grenzbedingungen 10) zu erfüllen, und zwar durch die folgende Form:

$$w_n = a_1 \left(1 - \frac{4}{3} \xi + \frac{1}{3} \xi^4\right) + a_2 (\xi - 4 \xi^4 + 3 \xi^5) + a_3 \xi^4 (1 - \xi)^2 + \ldots + a_n \xi^{n+2} (1 - \xi)^2 \quad . \quad . \quad . \quad 63)$$

Wir beschränken uns darauf, die Resultate der zur Bestimmung der ersten drei der Koeffizienten $a_1, a_2 \ldots a_n$ notwendigen Rechnungen anzugeben, da wir den Rechnungsgang selbst oben ausführlich erörtert haben.

1. Annäherung:

$$w_1 = a_1 \left(1 - \frac{4}{3} \xi + \frac{1}{3} \xi^4\right), \quad w_1'' = 4 a_1 \xi^2 \quad . \quad . \quad 64)$$

Es folgt:

$$\frac{a_1}{\lambda} = \frac{45}{1296 + 104 \varkappa} \quad . \quad . \quad . \quad . \quad . \quad . \quad . \quad 65)$$

Für diese erste Annäherung sind die Fehler wieder naturgemäß ziemlich groß.

2. Annäherung.

$$w_2 = a_1 \left(1 - \frac{4}{3} \xi + \frac{1}{3} \xi^4\right) + a_2 (\xi - 4 \xi^4 + 3 \xi^5) \quad . \quad . \quad 66)$$

---

[1]) Das Variationsproblem (60) kann durch die Substitution:

$$w = v + \frac{\lambda}{\varkappa} \cdot \xi$$

auf die einfachere Form gebracht werden:

$$A = \int \left[\frac{1}{2} \left(\frac{d^2 v}{d \xi^2}\right)^2 + \frac{1}{2} \varkappa v^2\right] d \xi = \min;$$

die numerische Auflösung nach der hier verfolgten Methode wird aber dadurch nicht vereinfacht.

Es folgt:

$$\left.\begin{aligned}\Delta_2 \cdot \frac{a_1}{\lambda} &= 16{,}6 - 0{,}01924\,\varkappa\\ \Delta_2 \cdot \frac{a_2}{\lambda} &= 1{,}38 + 0{,}16953\,\varkappa\end{aligned}\right\} \quad \ldots\ldots \quad 67)$$

und

$$\Delta_2 = 500 + 41{,}41\,\varkappa + 0{,}078403\,\varkappa^2.$$

Für $\varkappa = 100$ ergeben sich damit in w Abweichungen von den richtigen Werten, die schon kleiner als 1 % sind, in C dagegen etwas größere, so daß für große Werte von $\varkappa$ eine dritte Annäherung nötig wird.

3. Annäherung:

$$\left.\begin{aligned} w_3 &= a_1\left(1 - \frac{4}{3}\xi + \frac{1}{3}\xi^4\right)\\ &\qquad + a_2(\xi - 4\xi^4 + 3\xi^5) + a_3\xi^4(1-\xi)^2\\ w_3'' &= 2[2a_1\xi^2 + 6a_2(-4\xi^2 + 5\xi^3)\\ &\qquad + a_3(6\xi^2 - 20\xi^3 + 15\xi^4)\end{aligned}\right\} \quad . \quad 68)$$

Man erhält hier die linearen Gleichungen:

$$\left.\begin{aligned} a_1\left(112 + \frac{728}{81}\varkappa\right) + a_2\left(56 + \frac{76}{27}\varkappa\right)&\\ + a_3\left(\frac{8}{3} + \frac{47}{594}\varkappa\right) &= \frac{35}{9}\lambda,\\ a_1\left(56 + \frac{76}{27}\varkappa\right) + a_2\left(528 + \frac{184}{99}\varkappa\right)&\\ + a_3\left(43 + \frac{67}{792}\varkappa\right) &= \frac{10}{3}\lambda,\\ a_1\left(\frac{8}{3} + \frac{47}{594}\varkappa\right) + a_2\left(43 + \frac{67}{792}\varkappa\right)&\\ + a_3\left(8 + \frac{7}{1287}\varkappa\right) &= \frac{5}{24}\lambda,\end{aligned}\right\} \quad . \quad 69)$$

und daraus das Resultat:

$$\left.\begin{aligned}\Delta_3 \cdot \frac{a_1}{\lambda} &= 8333{,}3 - 6{,}8187\,\varkappa + 0{,}0017322\,\varkappa^2,\\ \Delta_3 \cdot \frac{a_2}{\lambda} &= 694{,}4 + 85{,}64545\,\varkappa - 0{,}0034395\,\varkappa^2,\\ \Delta_3 \cdot \frac{a_3}{\lambda} &= \qquad - 6{,}31313\,\varkappa + 0{,}391542\,\varkappa^2,\end{aligned}\right\} \quad . \quad 70)$$

wo

$$\Delta_3 = 25 \cdot 10^4 + 20794{,}48\,\varkappa + 46{,}37208\,\varkappa^2 + 0{,}0086392\,\varkappa^3.$$

Die Biegungsmomente sind in diesem Falle einfach dargestellt durch: [(siehe 56)].

$$M_x = \frac{1}{\lambda}\cdot\frac{d^2 w}{d\xi^2}\cdot 10^3 \cdot h^3 = C\cdot h^3,\quad C = \frac{1}{\lambda}\cdot\frac{d^2 w}{d\xi^2}\cdot 10^3 \quad . \quad 71)$$

In Tabelle II sind die Verschiebungen und Biegungsmomente für $\varkappa = 10, 100, 1000$ eingetragen.

Tabelle II[1]).

ξ	$\varkappa = 10$		$\varkappa = 100$		$\varkappa = 1000$	
	$w/\lambda . 10^3$	C	$w/\lambda . 10^3$	C	$w/\lambda . 10^3$	C
0,0	17,86	0,0	2,737	0,00	0,042	0,000
0,1	15,80	−0,69	2,701	− 1,17	0,145	−0,036
0,2	13,75	−1,96	2,648	− 4,04	0,248	−0,510
0,3	11,68	−2,63	2,559	− 7,61	0,345	−1,698
0,4	9,59	−1,58	2,389	−10,73	0,424	−3,511
0,5	7,48	2,79	2,115	−12,21	0,468	−5,495
0,6	5,39	11,37	1,731	−10,79	0,499	−6,914
0,7	3,42	25,25	1,229	− 4,99	0,382	−6,322
0,8	1,67	45,74	0,538	6,41	0,194	−2,481
0,9	0,45	74,03	0,213	25,15	0,094	6,865
1,0	0,00	111,54	0,000	52,77	0,000	23,371

Der Vergleich mit den bekannten Resultaten zeigt, daß in den Teilen, die für die Berechnung wesentlich in Betracht kommen, die Biegungsmomente sehr nahe mit den richtigen Werten übereinstimmen, sogar für $\varkappa = 1000$ geben die dritten Annäherungen schon recht gute Werte; ist $\varkappa <$ etwa 500, so genügen fast stets schon die zweiten Annäherungen.

Durch Vergleich dieser Werte mit den für Dreiecksquerschnitt geltenden sieht man, daß die Biegungsmomente an der Einspannungsstelle für den Fall des Rechtecks kleiner sind als für den Fall des Dreiecks; durch die größeren im oberen Teile eintretenden Ringspannungen wird die Einspannungsstelle stark entlastet.

In Figur 3 sind durch die ausgezogenen Linien die drei Koeffizienten $\frac{a_1}{\lambda}, \frac{a_2}{\lambda}, \frac{a_3}{\lambda}$ als Funktion von $\varkappa$ für $\varkappa = 0$ bis $\varkappa = 200$ und auch die (größten) Momente C für die Einspannungsstelle eingetragen. Ohne jede Rechnung ergeben sich aus dieser Tafel für jeden Zwischenwert der Konstanten $\varkappa$ die Koeffizienten $\frac{a_i}{\lambda}$ und damit nach Formel 68) die Verschiebungen w und nach Formel 71) die Biegungsmomente an jeder Stelle.

[1]) Für $\varkappa = 100$ ist in der entsprechenden Tabelle bei Reißner (a. a. O.) ein Rechenfehler enthalten, außerdem fehlen bei $\varkappa = 1000$ die Vorzeichen.

7. Behälterwand mit Trapezquerschnitt.

Der für den rechteckigen Querschnitt geltende Ansatz, der im vorigen Abschnitt eingeführt wurde, wird immer dann anzuwenden sein, wenn die Behälterwand, wie es ja tatsächlich immer der Fall ist, am oberen Rande des Behälters eine endliche Dicke hat.

Für den Trapezquerschnitt machen wir (nach den Bezeichnungen des Abschnittes I) den linearen Ansatz:

$$\delta = \delta_0 + \frac{\delta_u - \delta_0}{h} x = \delta_0 + (\delta_u - \delta_0)\,\xi, \quad . \quad . \quad . \quad 72)$$

so daß für

$$\xi = 0,\ \delta = \delta_0,\ \text{für } \xi = 1,\ \delta = \delta_u$$

wird, oder

$$\delta = \delta_0 \left(1 + \frac{\delta_u - \delta_0}{\delta_0}\,\xi\right) = \delta_0\,(1 + \alpha\,\xi), \quad . \quad . \quad . \quad 72')$$

wenn gesetzt wird

$$\alpha = \frac{\delta_u - \delta_0}{\delta_0} = \frac{\delta_u}{\delta_0} - 1,\ (\alpha \geqq 0) \quad . \quad . \quad . \quad . \quad 73)$$

Setzt man dann noch nach 10) und 14)

$$\left.\begin{aligned} \varkappa_1 &= \frac{k}{\delta_0^2} = \frac{12\,h^4\,(1 - m^2)}{a^2\,\delta_0^2} = \varkappa\left(\frac{\delta^u}{\delta_0}\right)^2 = \varkappa\,(1 + \alpha)^2, \\ \lambda_1 &= \frac{l}{\delta_0^3} = \frac{12\,h^5\,(1 - m^2)}{E\,\delta_0^3} = \lambda\left(\frac{\delta_u}{\delta_0}\right)^3 = \lambda\,(1 + \alpha)^3, \end{aligned}\right\} \quad 74)$$

so lautet das Minimalprinzip 35), wie sich leicht ergibt[1]):

$$\left.\begin{aligned} A = \int_0^1 \Bigg[&\frac{1}{2}(1 + \alpha\,\xi)^3 \left(\frac{d^2 w}{d\,\xi^2}\right)^2 \\ &+ \frac{1}{2}\varkappa_1\,(1 + \alpha\,\xi)\,w^2 - \lambda_1\,\xi\,w \Bigg] d\xi = \text{Min.} \end{aligned}\right\} \quad . \quad . \quad . \quad 75)$$

(Für $\alpha = \infty$ d. h. $\delta_0 = 0$ geht dieser Ausdruck in den für den Fall des Dreiecksquerschnittes geltenden 46) über, wie man sich durch Ausführung des Grenzüberganges nach Division durch α^3 überzeugt.)

Die aus 75) entspringende Differentialgleichung des Problems:

$$\frac{d}{d\xi^2}\left[(1 + \alpha\,\xi^3)\,\frac{d^2 w}{d\xi^2}\right] + \varkappa_1\,(1 + \alpha\xi)\,w - \lambda_1\,\xi = 0$$

---

[1]) Die Einführung einer neuen Variablen für $(1 + a\xi)$ würde keine Vereinfachung der Rechnung im Gefolge haben.

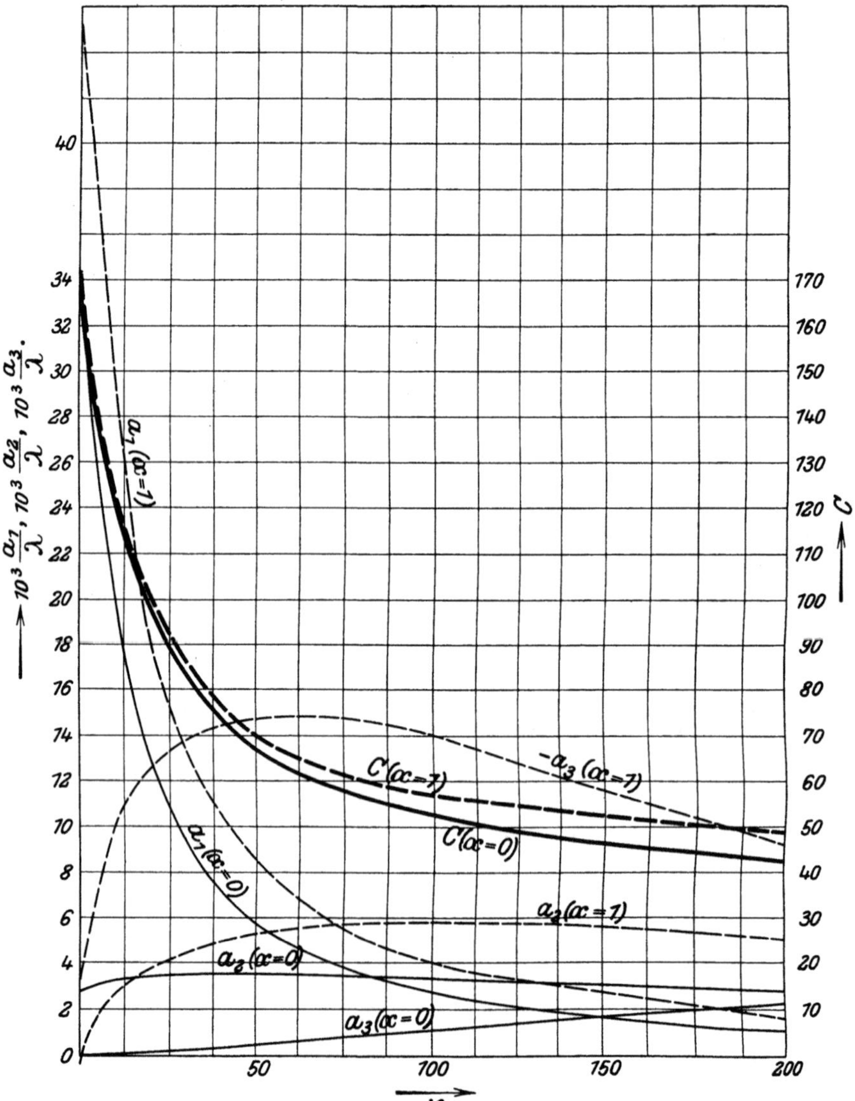

Fig. 3.

(An den Kurven ist statt $10^3 \frac{a_1}{\lambda}$, $10^3 \frac{a_2}{\lambda}$, $10^3 \frac{a_3}{\lambda}$ der **Kürze** wegen nur a_1, a_2, a_3 eingeschrieben.)

setzt einer direkten Integration schon erheblich größere Schwierigkeiten entgegen.

Zur Darstellung der Lösung des Problems nach der Ritzschen Methode verwenden wir dieselben Funktionen wie im früheren Falle des rechteckigen Querschnittes, die auch hier die Grenzbedingungen 12) —

$$\left.\begin{aligned} \xi &= 0 : M_x = 0,\ Q_x = 0, \\ \xi &= 1 : w \ = 0,\ \frac{dw}{d\xi} = 0 \ — \end{aligned}\right\} \quad \ldots\ldots \quad 12)$$

identisch erfüllen.

1. Annäherung.

$$w_1 = a_1\left(1 - \xi\frac{4}{3} + \frac{1}{3}\xi^4\right),\quad w_1'' = 4\,a_1\,\xi^2.$$

Der Wert von 75) wird damit:

$$\left.\begin{aligned} A_1 = \Bigg[\left(\frac{8}{5} + 4\,\alpha + \frac{24}{7}\alpha^2 + \alpha^3\right) \\ + \varkappa_1\left(\frac{52}{405} + \frac{8}{315}\alpha\right)\Bigg]a_1{}^2 - \frac{1}{9}\lambda_1\,a_1; \end{aligned}\right\} \quad \ldots \quad 76)$$

bildet man nun

$$\frac{\partial A_1}{\partial a_1} = 0,$$

und setzt zur Abkürzung:

$$\frac{8}{5} + 4\,\alpha + \frac{24}{7}\alpha^2 + \alpha^3 = \alpha_{11},$$

$$(1 + \alpha)^2\left(\frac{52}{405} + \frac{8}{315}\alpha\right) = \beta_{11},$$

so erhält man mit Bezug auf 74)

$$\frac{a_1}{\lambda} = \frac{(1 + \alpha)^3}{18\,(\alpha_{11} + \varkappa\,\beta_{11})} \quad \ldots\ldots \quad 77)$$

Wir geben nun die bei der 3. Annäherung erhaltenen Resultate, die in den weitaus meisten Fällen genügen werden; für größere Werte ($\varkappa >$ etwa 100) ist diese dritte Annäherung unbedingt erforderlich.

3. Annäherung.

$$\left.\begin{aligned} w_3 &= a_1\left(1 - \frac{4}{3}\xi + \frac{1}{3}\xi^4\right) \\ &\quad + a_2\,(\xi - 4\,\xi^4 + 3\,\xi^5) + a_3\,(\xi^4 - 2\,\xi^5 + \xi^6) \\ w_3'' &= 4\,a_1\,\xi^2 + 12\,a_2\,(-\,4\,\xi^2 + 5\,\xi^3) \\ &\quad + 2\,a_3\,(6\,\xi^2 - 20\,\xi^3 + 15\,\xi^4) \end{aligned}\right\} \quad \ldots \quad 78)$$

Berechnen wir die Koeffizient a_i auf dieselbe Weise und setzen wir zur Abkürzung:

$$\left.\begin{aligned}
\alpha_{11} &= \frac{8}{5} + 4\alpha + \frac{24}{7}\alpha^2 + \alpha^3,\\
\alpha_{12} &= \frac{8}{5} + \frac{48}{7}\alpha + \frac{54}{7}\alpha^2 + \frac{8}{3}\alpha^3,\\
\alpha_{22} &= \frac{264}{35} + \frac{117}{7}\alpha + \frac{96}{7}\alpha^2 + 4\alpha^3,\\
\alpha_{13} &= \frac{8}{105} + \frac{3}{7}\alpha + \frac{4}{7}\alpha^2 + \frac{2}{9}\alpha^3,\\
\alpha_{23} &= \frac{43}{35} + \frac{24}{7}\alpha + \frac{22}{7}\alpha^2 + \frac{32}{33}\alpha^3,\\
\alpha_{33} &= \frac{4}{35} + \frac{2}{7}\alpha + \frac{58}{231}\alpha^2 + \frac{5}{66}\alpha^3,\\
\beta_{11} &= (1+\alpha)^2\left(\frac{52}{405} + \frac{8}{315}\alpha\right),\\
\beta_{12} &= (1+\alpha)^2\left(\frac{76}{945} + \frac{67}{2310}\alpha\right),\\
\beta_{22} &= (1+\alpha)^2\left(\frac{92}{3465} + \frac{39}{3080}\alpha\right),\\
\beta_{13} &= (1+\alpha)^2\left(\frac{47}{20\,790} + \frac{97}{83\,160}\alpha\right),\\
\beta_{23} &= (1+\alpha)^2\left(\frac{67}{27\,720} + \frac{23}{16\,380}\alpha\right),\\
\beta_{33} &= (1+\alpha)^2\left(\frac{1}{12\,870} + \frac{1}{20\,020}\alpha\right),
\end{aligned}\right\} \quad \ldots \ldots (79$$

so wird zunächst:

$$A_3 = \sum_{i=1}^{i=3}\sum_{j=1}^{j=3} a_i\, a_j\,(\alpha_{ij} + \varkappa\,\beta_{ij}) - \lambda\,(1+\alpha)^3\left(\frac{1}{9}a_1 + \frac{2}{21}a_2 + \frac{1}{168}a_3\right) \quad \ldots \ldots 80)$$

woraus zur Bestimmung der Koeffizienten a_1, a_2, a_3 die Gleichungen fließen:

$$\left.\begin{aligned}
&2a_1(\alpha_{11} + \varkappa\beta_{11}) + a_2(\alpha_{12} + \varkappa\beta_{12})\\
&\qquad + a_3(\alpha_{13} + \varkappa\beta_{13}) = \lambda(1+\alpha)^3\cdot\frac{1}{9}\\
&a_1(\alpha_{12} + \varkappa\beta_{12}) + 2a_2(\alpha_{22} + \varkappa\beta_{22})\\
&\qquad + a_3(\alpha_{23} + \varkappa\beta_{23}) = \lambda(1+\alpha)^3\cdot\frac{2}{21}\\
&a_1(\alpha_{13} + \varkappa\beta_{13}) + a_2(\alpha_{23} + \varkappa\beta_{23})\\
&\qquad + 2a_3(\alpha_{33} + \varkappa\beta_{33}) = \lambda(1+\alpha)^3\cdot\frac{1}{168}
\end{aligned}\right\} \quad \ldots 81)$$

Die Biegungsmomente sind dann in diesem Falle gegeben durch 4) und 56):

$$M_x = \left(\frac{1+\alpha\xi}{1+\alpha}\right)^3 \cdot \frac{1}{\lambda} \cdot \frac{d^2 w}{d\xi^2} \cdot 10^3 \cdot h^3 = C \cdot h^3 \quad . \quad . \quad 82)$$

wobei also

$$C = \left(\frac{1+\alpha\xi}{1+\alpha}\right)^3 \cdot \frac{1}{\lambda} \cdot \frac{d^2 w}{d\xi^2} \cdot 10^3 . \quad . \quad . \quad . \quad . \quad 83)$$

Da die Behälter, die hier in Frage kommen, meist niedrig sind, also ein kleines $\varkappa$ haben, so wird man auch hier, trotzdem die Konvergenz nicht so gut ist wie in den zuerst betrachteten Fällen, fast stets mit drei Annäherungen auskommen und kann die Formeln benutzen, die hier angegeben sind.

Will man eine größere Genauigkeit erzielen, also etwa noch eine Annäherung rechnen, wird man immer zur Vereinfachung der Rechnung gut tun, $\varkappa$ und α nicht allgemein stehen zu lassen, sondern ihre numerischen Werte von vornherein in das Integral einzuführen.

Z. B. für $\alpha = 1$, d. h. $\delta_u = 2\,\delta_0$ erhalten wir zunächst aus 79) folgende Werte:

$$\left.\begin{aligned} \alpha_{11} &= 10{,}03, & \alpha_{13} &= 1{,}30; \\ \alpha_{12} &= 18{,}84, & \alpha_{23} &= 8{,}77; \\ \alpha_{22} &= 41{,}97, & \alpha_{33} &= 0{,}73; \\ \beta_{11} &= 0{,}6152, & \beta_{13} &= 0{,}0137; \\ \beta_{12} &= 0{,}4377, & \beta_{23} &= 0{,}0153; \\ \beta_{22} &= 0{,}1568, & \beta_{33} &= 0{,}0005; \end{aligned}\right\} \quad . \quad . \quad . \quad . \quad . \quad 84)$$

Für die Koeffizienten $\frac{a_1}{\lambda}$, $\frac{a_2}{\lambda}$ und $\frac{a_3}{\lambda}$ folgen damit die Werte:

$$\left.\begin{aligned} &\varkappa = 10, \\ &\frac{a_1}{\lambda} = 0{,}0258, \quad \frac{a_2}{\lambda} = 0{,}0030, \quad \frac{a_3}{\lambda} = -0{,}0111 \\ &\varkappa = 100, \\ &\frac{a_1}{\lambda} = 0{,}00395, \quad \frac{a_2}{\lambda} = 0{,}00569, \quad \frac{a_3}{\lambda} = -0{,}0140 \end{aligned}\right\} \quad . \quad 85)$$

Dadurch erhält man folgende Tabelle für die Verschiebungen w und die Biegungsmomente:

Tabelle III.

ξ	$\varkappa = 10$		$\varkappa = 100$	
	$w/\lambda \cdot 10^3$	C	$w/\lambda \cdot 10^3$	C
0,0	25,80	0,00	3,94	0,000
0,1	22,67	−0,19	3,99	−0,563
0,2	19,51	−0,56	3,98	−2,262
0,3	16,51	−0,42	3,89	−4,753

ξ	$\varkappa = 10$		$\varkappa = 100$	
	$w/\lambda \cdot 10^3$	C	$w/\lambda \cdot 10^3$	C
0,4	13,14	1,21	3,61	−7,246
0,5	10,00	5,76	3,13	−8,409
0,6	6,89	14,91	2,34	−6,478
0,7	4,28	29,68	1,35	0,006
0,8	1,92	51,92	0,62	12,580
0,9	0,55	81,86	0,24	32,133
1,0	0,00	117,12	0,00	56,167

In Fig.3 sind für $\alpha = 1$ die Werte der drei Koeffizienten $\frac{a_1}{\lambda}, \frac{a_2}{\lambda}, \frac{a_3}{\lambda}$ für $\varkappa = 0$ bis $\varkappa = 200$ durch die dünnen gestrichelten Linien, die Einspannmomente für denselben Bereich (und $\alpha = 1$) durch die dicke gestrichelte Linie dargestellt.

8. Behälterwand mit Parabelquerschnitt.

Wir bezeichnen damit eine Behälterwand, deren Querschnittsfläche innen durch eine vertikale Gerade, außen durch eine am oberen Rande tangentiell anschließende Parabel begrenzt wird, so zwar, daß am oberen Rande eine endliche Breite vorhanden bleibt; der Querschnitt soll also ungefähr die in Fig. 1 gezeichnete Gestalt haben. Dies ist eine Form, wie sie (wenigstens genähert) bei gemauerten Behältern zur Anwendung kommen kann.

Dieser Fall erledigt sich ganz ähnlich wie der vorhergehende. Die Veränderlichkeit des Querschnittes ist ausgedrückt durch:

$$\delta = \delta_0 + \frac{\delta_u - \delta_0}{h^2} x^2 = \delta_0 + (\delta_u - \delta_0)\xi^2$$

$$= \delta_0 \left(1 + \frac{\delta_u - \delta_0}{\delta_0} \xi^2\right) = \delta_0 (1 + \alpha \xi^2) \quad . \quad . \quad . \quad 86)$$

wobei wie früher gesetzt ist:

$$\alpha = \frac{\delta_u - \delta_0}{\delta_0} = \frac{\delta_u}{\delta_0} - 1 \quad . \quad . \quad . \quad . \quad . \quad . \quad . \quad 73)$$

Mit denselben abkürzenden Bezeichnungen 74), die wir bei Trapezquerschnitt eingeführt haben, schreibt sich dann das Variationsproblem 35) für diesen Fall in der Form:

$$A = \int_0^1 \left[\frac{1}{2}(1 + \alpha\xi^2)^3 \left(\frac{d^2 w}{d\xi^2}\right)^2 \right.$$

$$\left. + \frac{1}{2}\varkappa_1 (1 + \alpha\xi^2) w^2 - \lambda_1 \cdot \xi w \right] d\xi = \text{Min.} \quad . \quad . \quad 87)$$

Da für diesen Fall die Rechnung ganz analog zu der für den trapezförmigen Querschnitt verläuft, so begnügen wir uns damit, sogleich die numerischen Resultate für die dritte Annäherung und eine mit diesen Werten berechnete Tabelle anzugeben.

Wir verwenden wieder denselben Ansatz 78). Setzen wir dann zur Abkürzung:

$$\left.\begin{aligned}
\alpha_{11} &= \frac{8}{5} + \frac{24}{7}\alpha + \frac{8}{3}\alpha^2 + \frac{8}{11}\alpha^3 \\
\alpha_{12} &= \frac{8}{5} + \frac{54}{7}\alpha + 8\,\alpha^2 + \frac{28}{11}\alpha^3 \\
\alpha_{22} &= \frac{264}{35} + \frac{96}{7}\alpha + \frac{120}{11}\alpha^2 + \frac{456}{143}\alpha^3 \\
\alpha_{13} &= \frac{8}{105} + \frac{4}{7}\alpha + \frac{8}{11}\alpha^2 + \frac{112}{429}\alpha^3 \\
\alpha_{23} &= \frac{43}{35} + \frac{22}{7}\alpha + \frac{30}{11}\alpha^2 + \frac{824}{1001}\alpha^3 \\
\alpha_{33} &= \frac{4}{35} + \frac{58}{231}\alpha + \frac{43}{143}\alpha^2 + \frac{62}{1001}\alpha^3 \\
\beta_{11} &= (1+\alpha)^2\left(\frac{52}{405} + \frac{19}{2310}\alpha\right) \\
\beta_{12} &= (1+\alpha)^2\left(\frac{76}{945} + \frac{179}{13860}\alpha\right) \\
\beta_{22} &= (1+\alpha)^2\left(\frac{92}{3465} + \frac{29}{4290}\alpha\right) \\
\beta_{13} &= (1+\alpha)^2\left(\frac{47}{20790} + 0,(3)653\,\alpha\right)^{1)} \\
\beta_{23} &= (1+\alpha)^2\left(\frac{67}{27710} + 0,(3)863\,\alpha\right) \\
\beta_{33} &= (1+\alpha)^2\left(\frac{1}{12870} + 0,(4)333\,\alpha\right)
\end{aligned}\right\} \quad . \; . \; . \quad 88)$$

so folgt für A ein Ausdruck, der formal mit 80) identisch ist; die Koeffizienten $\frac{a_1}{\lambda}$, $\frac{a_2}{\lambda}$ und $\frac{a_3}{\lambda}$ sind dann durch zwei Gleichungen gegeben, die formal mit 81) übereinstimmen, so daß sich die nochmalige Aufschreibung erübrigt.

[1]) Durch (n) haben wir angedeutet, daß hinter dem Dezimalkomma vor der ersten Ziffer n Nullen stehen.

Die Biegungsmomente sind analog wie früher gegeben durch:

$$M_x = C h^3,\ C = \left(\frac{1 + \alpha \xi^2}{1 + \alpha}\right)^3 \frac{1}{\lambda} \cdot \frac{d^2 w}{d\xi^2} \cdot 10^3 \quad . \quad . \quad 89)$$

Zum Vergleich mit den früheren Werten führen wir noch die für $\varkappa = 10$ und $\varkappa = 100$ sich ergebenden Verschiebungen und die entsprechenden Biegungsmomente an. Für $\alpha = 1$, d. h. $\delta_u = 2\,\delta_0$ z. B. folgen zunächst:

$$\left.\begin{array}{llll} \alpha_{11} = 8{,}42, & \alpha_{13} = 1{,}63; \\ \alpha_{12} = 19{,}86, & \alpha_{23} = 7{,}92; \\ \alpha_{12} = 35{,}35, & \alpha_{33} = 0{,}64; \\ \beta_{11} = 0{,}5464, & \beta_{13} = 0{,}0116; \\ \beta_{12} = 0{,}3733, & \beta_{23} = 0{,}0131; \\ \beta_{22} = 0{,}1332, & \beta_{33} = 0{,}0004; \end{array}\right\} \quad . \quad . \quad . \quad . \quad . \quad 90)$$

und damit folgen die Koeffizienten durch Auflösung von 81)

$$\varkappa = 10,$$

$$\frac{a_1}{\lambda} = 0{,}0384, \quad \frac{a_2}{\lambda} = 0{,}0033, \quad \frac{a_3}{\lambda} = -0{,}0256;$$

$$\varkappa = 100,$$

$$\frac{a_1}{\lambda} = 0{,}00393, \quad \frac{a_2}{\lambda} = 0{,}00832, \quad \frac{a_3}{\lambda} = -0{,}02952.$$

Mit diesen Werten erhalten wir die folgende Tabelle:

Tabelle IV.

ξ	$\varkappa = 10$		$\varkappa = 100$	
	$w/\lambda \cdot 10^3$	C	$w/\lambda \cdot 10^3$	C
0,0	38,40	0,00	3,93	0,00
0,1	27,03	−0,29	4,24	−0,74
0,2	23,25	−0,72	4,47	−2,46
0,3	19,40	−0,64	4,54	−4,57
0,4	15,59	0,75	4,30	−6,48
0,5	11,64	4,71	3,79	−7,28
0,6	7,79	13,11	2,72	−5,00
0,7	4,78	27,77	1,96	0,96
0,8	2,06	50,75	0,62	13,88
0,9	0,55	81,27	0,03	34,09
1,0	0,00	118,52	0,00	56,50

Durch Vergleich mit Tabelle III folgt zunächst, daß sich die Verschiebungen am oberen Rande und die Biegungsmomente an der Einspannungsstelle sehr wenig ändern, wenn man vom Rechteck zur Parabel übergeht; stärker ändert sich jedoch der Charakter der Verschiebungen insbesondere in oberen Teile, aber auch nur für größere

Werte von $\varkappa$; für $\varkappa = 100$ zeigt z. B. der Parabelquerschnitt schon sehr bestimmt das Verhalten des Hochbehälters, während dies an dem Trapezquerschnitt noch fast gar nicht zu bemerken ist.

9. Andere Querschnittsformen.

Es ist unmittelbar zu sehen, daß alle Querschnittsformen, deren Veränderlichkeit durch die Formel $\delta_0 (1 + \alpha\, \xi^n)$ gegeben ist durch die hier verwendete Methode in gleich einfacher Weise behandelt werden können, womit aber ihr Anwendungsgebiet keineswegs erschöpft ist.

Ferner ist es durch diese Methode auch möglich, eine absatzweise Veränderlichkeit des Querschnittes in Rechnung zu ziehen, die bei gemauerten Behältern oft durch einen angesetzten Versteifungsring am oberen Rande gegeben ist, wie z. B. Fig. 4 zeigt. In diesem Falle ist die Verschiebung w als eine Funktion zu bestimmen, die in verschiedenen Intervallen durch verschiedene Variationsprobleme gegeben ist; ist z. B. der Querschnitt aus einer Parabel von der Höhe h_2 und einem Rechteck von der Höhe h_1 zusammengesetzt, so gilt für das Intervall 0 bis h_1 das Variationsproblem 59) und für h_1 bis h_2 das Variationsproblem 87). Natürlich muß die elastische Linie an der Übergangsstelle die Bedingungen der Stetigkeit der Verschiebungen w und ihrer ersten Ableitungen erfüllen. Ist übrigens h_1 klein gegen h_2 und hat der Versteifungsring eine große radiale Breite, so wird man ihm einfach dadurch Rechnung tragen, daß man den Behälter dann auch am oberen Rand als eingespannt oder als aufliegend betrachtet; diese Auffassung bedingt sonderen eine andere Wahl der Annäherungsfunktionen w_n, die im benatürlich Falle unmittelbar gegeben ist. Dieser Fall ist praktisch ebenfalls von außerordentlicher Wichtigkeit.

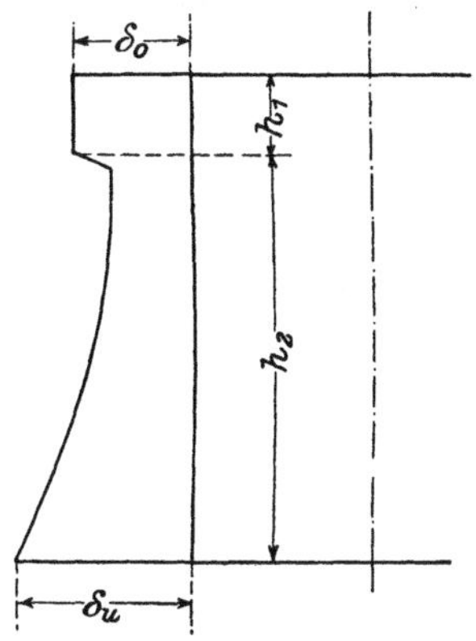

Fig. 4.

10. Resultate.

Die Methode von Ritz gestattet die Lösung des Behälterproblems für verschiedene veränderliche Querschnitte durch folgende Ausdrücke darzustellen:

1. Dreiecksquerschnitt. Die Verschiebungen w sind durch 53), die Biegungsmomente durch 56) mit 53") gegeben. Die Koeffizienten sind in ihrer Abhängigkeit von $\varkappa$ durch 55) dargestellt.

Für alle Querschnitte, die am oberen Ende eine endliche Breite δ_0 besitzen, gilt der Ansatz 68); und zwar:

2. Rechtecksquerschnitt. Die Koeffizienten sind durch 70), die Biegungsmomente durch 71) gegeben.

3. Trapezquerschnitt. Ist $\alpha = \frac{\delta_u - \delta_0}{\delta_0}$, so folgen die Koeffizienten des Ansatzes 68) aus den Gleichungen 81), bei welchen die Bezeichnungen 79) Geltung haben, die Biegangsmomente aus 82).

Betrachtet man die Schar der Querschnitte, für die δ_0 von δ_u bis Null abnimmt, so nimmt dabei die Verschiebung und das Moment an der Einspannungsstelle bis etwa zur Mitte dieser Veränderungen $\left(\delta_0 = \frac{\delta_u}{2}\right)$ nur sehr langsam und unbedeutend zu, und erst von da an erfolgt eine raschere Zunahme auf den für $\delta_0 = 0$ geltenden Wert.

4. Parabelquerschnitt. Es gelten die Gleichungen 81), aber mit den Bezeichnungen 88). Die Biegungsmomente sind durch 88) dargestellt.

In den Figuren 5 und 6 sind für diese Querschnitte die erhaltenen Verschiebungen und Biegungsmomente (d. h. die Größen C) für $\varkappa = 10$ und $\varkappa = 100$ übersichtlich zusammengestellt.

In Fig. 7 sind für $\varkappa = 10$ und $\varkappa = 100$ für die Schar der Querschnitte vom Rechteck bis zum Dreieck die Biegungsmomente (d. h. die Größen C) an der Einspannungsstelle und die Verschiebungen w am oberen Rande in ihrer Abhängigkeit von δ_0 dargestellt.

Dabei sind in den Fällen 2, 3, und 4 die beiden einfachen Beziehungen von Interesse: Verschiebung am oberen Rande $= a_1$, Biegungsmoment an der Einspannungsstelle $= 2\,(2\,a_1 + 6\,a_2 + a_3)$, während die entsprechenden Beziehungen im Falle 1 unter 58) und 58′) angegeben sind.

Der Vergleich mit bekannten (genauen) Werten zeigt, obwohl aus der unendlichen Reihe der Annäherungsfunktionen nur die drei ersten verwendet wurden, daß die hier gewonnenen Werte für w von den genauen in der Regel weit weniger als 1 % abweichen; die Biegungsmomente zeigen bei Verwendung derselben geringen Zahl von Annäherungen Fehler bis zu höchstens 2 %.

Durch die hier gegebenen Entwicklungen ist erst eine Seite des Problems, nämlich die systematische Untersuchung der elastischen Verhältnisse eines Behälters von gegebenen Dimensionen einer einfachen Lösung näher geführt; wir hoffen, daß damit auch das Problem der Dimensionierung einen Fortschritt erfahren hat.

Der Vorgang, nach welchem bei der Dimensionierung eines Behälters verfahren wird, wird also der sein, daß man zunächst eine Querschnittsform und entsprechende Abmessungen schätzungsweise annimmt und mit Hilfe der hier gegebenen Entwicklungen nachrechnet, ob das

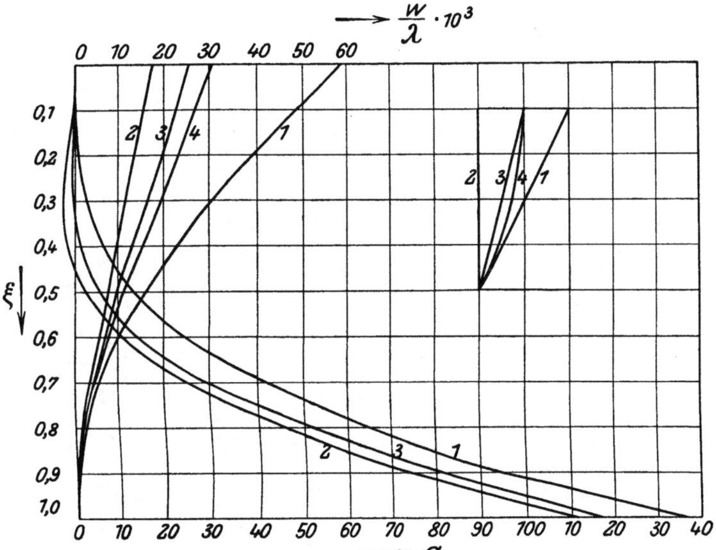

Fig. 5. $\varkappa = 10$, $\alpha = 1$.

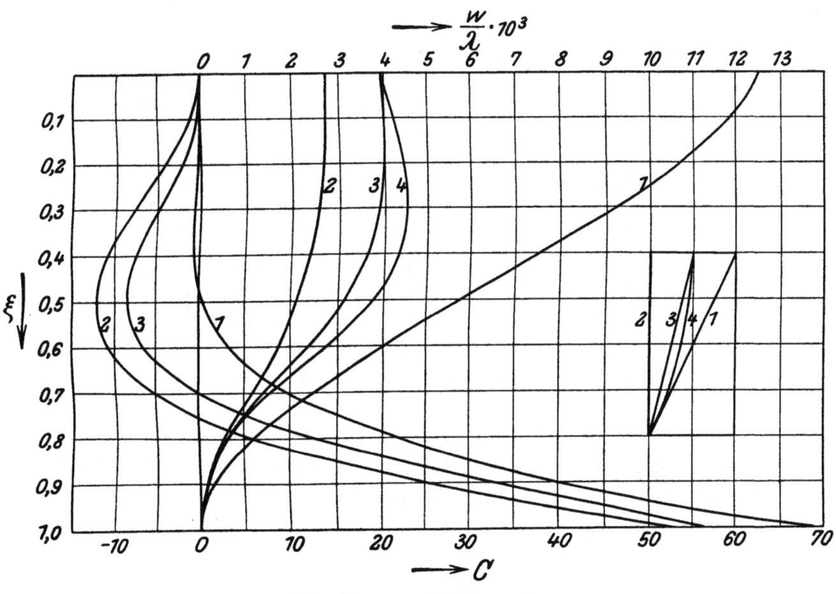

Fig. 6. $\varkappa = 100$, $\alpha = 1$.

Material ohne Überschreitung der zulässigen Spannungen voll ausgenutzt wird.

Sollen die hier gegebenen Entwicklungen auch für Eisenbeton richtig bleiben, so muß die Zahl und Stärke der Eisenstäbe (Bänder u. dgl.) so bemessen werden, daß die Elastizitätsverhältnisse des Behälters dadurch nicht geändert werden; d. h. die Eisenquerschnitte auf die Längeneinheit der Höhe gemessen müssen gleich dem entsprechenden Mauerquerschnitt

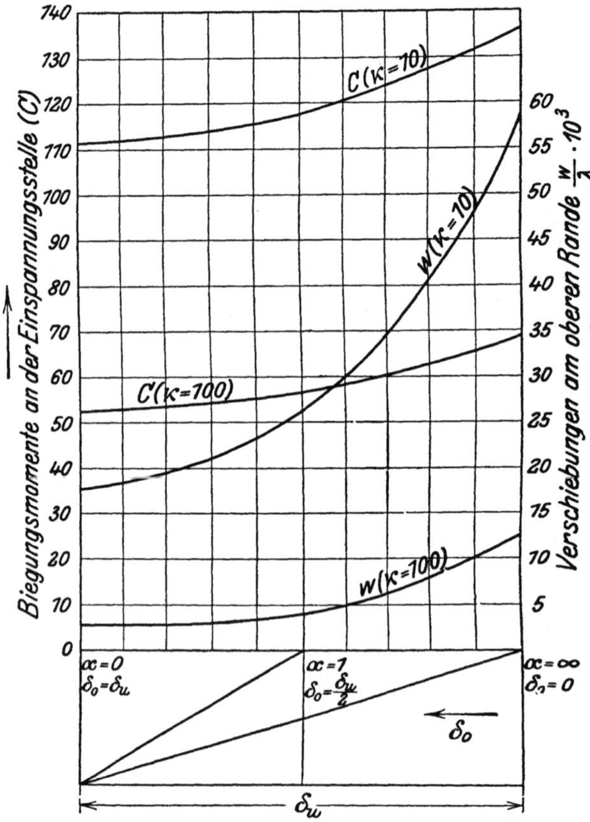

Fig. 7. $\varkappa = 10$, $\varkappa = 100$.

multipliziert mit dem Verhältnis der Elastizitätsmoduln von Mauermaterial zu Eisen sein. Für die Ringspannungen werden die Eisenringe nahe der Querschnittsmitte, für die Biegungsspannungen die senkrechte Armierung nahe den äußeren Fasern liegen müssen. (H. Reißner, a. a. O.)

11. Ein Beispiel.

Man ermittle die Spannungsverteilung in einem gemauerten zylindrischen Becken (zu einem Gasbehälter) mit trapezförmigem Querschnitt und folgenden Abmessungen:

Mittlerer Zylinderradius . . . . $a = 40$ m,
Höhe der Wand . . . . $h = 10$ m,
Wandstärke . . . . $\delta_u = 1{,}60$ m, $\delta_0 = 0{,}80$ m,
Querkontraktionsverhältnis . . . $m = \frac{1}{4}$,
Elastizitätsmodul . . . . $E = 3 \cdot 10^5 \frac{kg}{cm^2} = 3 \cdot 10^9 \frac{kg}{m^2}$.

Nun ist zunächst nach 73):

$$\alpha \doteq \frac{\delta_u - \delta_0}{\delta_0} = 1.$$

Ferner ergibt sich mit diesen Daten nach 14) und 10)

$$\left\{\begin{aligned} \varkappa &= \frac{12 \cdot 10^4 \cdot {}^{15}/_{16}}{40^2 \cdot 1{,}6^2} = 27{,}2 \\ \lambda &= \frac{12 \cdot 10^5 \cdot {}^{15}/_{16} \cdot 10^3}{3 \cdot 10^9 \cdot 4{,}09} = 0{,}0915 \end{aligned}\right.$$

($\varkappa$ und λ sind dimensionslose Zahlen).

Aus Fig. 3 ergeben sich für $\varkappa = 27{,}2$ und $\alpha = 1$ die Koeffizienten:

$$10^3 \cdot \frac{a_1}{\lambda} = 12{,}3, \quad 10^3 \cdot \frac{a_2}{\lambda} = 4{,}7, \quad 10^3 \cdot \frac{a_3}{\lambda} = -14{,}1 \text{ und } C = 83.$$

Dadurch sind die Verschiebungen und Biegungsmomente nach den Formeln 78), 82) und 83) vollständig bestimmt.

Die Verschiebung am oberen Rande ergibt sich damit zu:

$$a_1 = \frac{12{,}3 \cdot 0{,}0915}{10^3} = 0{,}00113 \text{ m}$$

und das Biegungsmoment an der Einspannungsstelle [mt = Metertonnen]:

$$M = 83 \cdot 10^3 = 83 \text{ mt pro m Umfang.}$$

Ferner ist die Ringspannung am oberen Rande nach 89):

$S\varphi = E \cdot \frac{w}{a} \cdot \delta_0 = 67\,800$ kg pro m Wandhöhe und die ganze Wandstärke.

B. Graphische Methoden.

1. Anwendungsgebiet.

In den meisten Fällen, welche in der Praxis vorkommen, wird man die Ermittlung der statisch unbestimmten Größen nach analytischen Methoden durchführen und von den im ersten Teile enthaltenen Resultaten Gebrauch machen. Die Armierung hat auf die elastischen Dehnungen und mithin auf die statisch unbestimmten Größen einen relativ geringen Einfluß, so daß man für die Berechnung die Behälterwand als einen homogenen Körper auffassen kann, ohne einen allzu bedeutenden Fehler zu begehen.

In einzelnen Fällen führt jedoch die analytische Methode vorläufig zu keinem praktisch brauchbaren Resultat, und in diesen Fällen ist man gezwungen, zu einem graphischen Verfahren zu greifen. Das graphische Verfahren hat bei der Behandlung der Behälterprobleme den Zweck, jene Lücken auszufüllen, welche die analytische Methode noch offen läßt; denn es ist und bleibt zum Unterschied von der analytischen Methode ein mehr oder weniger mühsames Näherungsverfahren.

Die Fälle, in welchen seine Anwendung nicht zu umgehen ist, sind folgende:

1. Die Wandstärke ist nicht in geschlossener Form als Funktion der Tiefe gegeben, oder die Wand ist unvollkommen eingespannt.

2. Die Ringspannungen sind aus ökonomischen Gründen so hoch gewählt worden, daß das Hookesche Gesetz das elastische Verhalten des Baustoffes in dem Bereich der auftretenden Materialbeanspruchungen nicht mehr mit hinreichender Annäherung beschreibt.

3. Die Inanspruchnahme der Behälterwand erfolgt nicht durch einen mit der Tiefe linear zunehmenden Seitendruck (etwa durch den Druck einer Flüssigkeit), sondern durch einen Druck, welcher nach einem beliebigen, analytisch oder graphisch gegebenen Gesetz nach unten zunimmt (etwa durch den Seitendruck in runden Silozellen).

2. Die Grundzüge des graphischen Verfahrens.

Die graphische Lösung der oben angeführten Probleme stützt sich auf den Mohrschen Satz, wonach sich die elastische Linie eines Stabes als Seilpolygon zu der Momentenfläche konstruieren läßt. Der Mohrsche Satz fand Verwendung u. a. bei der Untersuchung von Stäben bei Knickungsbeanspruchung (Luigi Vianello) und bei der Untersuchung von Stäben auf nachgiebiger Unterlage (Föppl). In die graphische Behandlung des Behälterproblemes wurde er eingeführt durch Panetti. Eine weitere Arbeit über dieses Thema wurde publiziert von Federhofer. Die beiden Arbeiten werden als bekannt vorausgesetzt und seien nur die wichtigsten Punkte hervorgehoben:

Panetti (Studio statico dei serbatoi cilindrici in ferro est in cemento armato, Giornale del Genio Civile, Anno XLIV — Marzo 1906) bringt im zweiten Teil seiner Abhandlung die graphische Lösung des Problemes unter Anwendung des Mohrschen Satzes. Die Veränderlichkeit der Wandstärke berücksichtigt er, indem er bei Zeichnung der elastischen Linie als Seilpolygon die Poldistanz von Teilkraft zu

Teilkraft verändert. Er behandelt auch den Fall der unvollkommenen Einspannung.

Federhofer (Graphisches Verfahren für die Ermittlung der Spannungsverteilung in zylindrischen Behälterwänden, Beton und Eisen 1909, S. 387) kommt auf mathematischem Weg ebenfalls zu dem Verfahren Panettis. Bei der Ableitung seiner Grundgleichungen vernachlässigt er jedoch die Veränderlichkeit der Wandstärke, eine Vernachlässigung, deren Tragweite sich schwer abschätzen läßt.

Das Verfahren selbst ergibt sich aus folgender Überlegung: (Fig. 8) 0 0 sei die Achse eines zylindrischen Behälters, a b b_1 a_1 sei der

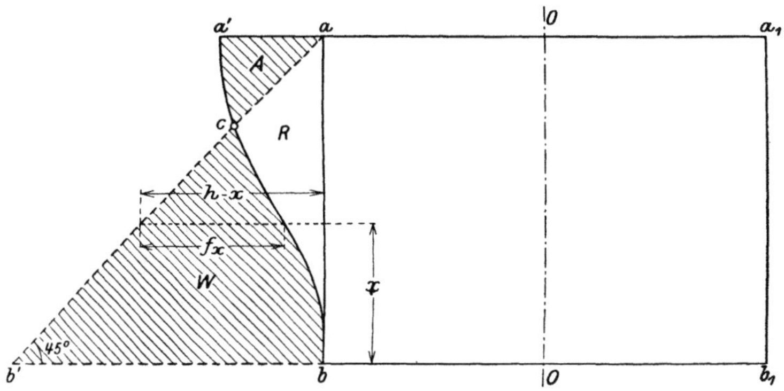

Fig. 8.

Schnitt durch den leeren Behälter. Am unteren Rand (b und b_1) sei die Behälterwand fest im starren Behälterboden eingespannt. Wenn der Behälter bis zum oberen Rand (a a_1) gefüllt ist, sind die Wasserdrücke proportional der Tiefe, gemessen ab a a_1. Wählt man als Maß für die Wasserdrücke die Tiefe unter a a_1 und trägt die Wasserdrücke in diesem Maßstab senkrecht zu a b auf, so erhält man als Diagramm der Wasserdrücke ein gleichschenklig-rechtwinkliges Dreieck, das „Wasserdruckdreieck" a b b′.

Nun denke man sich die Behälterwand aufgelöst in vertikale Stabelemente (entsprechend den Erzeugenden) und in horizontale Ringelemente (entsprechend den Schnitten senkrecht zur Zylinderachse). Dieses System von gekreuzten Stäben werde durch den Wasserdruck belastet. Es ist klar, daß in jedem senkrecht zur Zylinderachse geführten Schnitt die Ausweichung des Ringes gleich sein muß der Ausweichung des vertikalen Stabes. Und ferner, daß die algebraische Summe der von jedem der beiden Tragsysteme aufzunehmenden Belastung gleich sein muß dem gesamten Wasserdruck. In der Zeichnung (Fig. 8) wird der gesamte Wasserdruck dargestellt durch die Fläche des Dreieckes a b b′. Das Ringsystem ist belastet durch b b′ c (Fläche W) und a a′ c (Fläche A), das Stabsystem durch Fläche b a c (Fläche R) nach außen, Fläche a a′ c (Fläche A) nach innen. Fläche A repräsentiert gewissermaßen die Auflagerreaktion des in b fest eingespannten, durch R belasteten und gegen das Ringsystem sich stützenden vertikalen Stabes.

Es bedeute nun:

h die Höhe des Behälters,

F den die Ringspannungen aufnehmenden Querschnitt,

J das Trägheitsmoment für den vertikalen Stab,

E_1 Elastizitätsmodul für die Längsrichtung,

E_2 Elastizitätsmodul für die Querrichtung des Stabes,

a den mittleren Halbmesser des Behälters,

γ das spezifische Gewicht des Behälterinhaltes,

y die Ordinaten der elastischen Linie des vertikalen Stabes, gerechnet von der neutralen Achse des unbelasteten Stabes. Gleichzeitig die Verschiebnugen der Ringelemente bei leerem (unbelastetem) Behälter in radialer Richtung.

m die Ziffer der Querkontraktion[1]).

In einer Höhe x über der Behältersohle beträgt der Wasserdruck pro Flächeneinheit $\gamma (h - x)$. Hiervon entfallen $\gamma \cdot f_x$ auf die Stabbelastung, $\gamma (h - x - f_x)$ auf die Ringbelastung. M sei das Biegungsmoment in derselben Höhe.

Es ist also:

$$\frac{d^2 M}{dx^2} = -\gamma f_x \quad \ldots\ldots\ldots\ldots \quad 1)$$

und

$$\frac{d^2 y}{dx^2} = -\frac{M}{E_1 J (1 + m^2)} \quad \ldots\ldots\ldots \quad 2)$$

Es muß nun nach obigem die Ausweichung des Ringelementes in radialer Richtung gleich sein der Ausweichung des vertikalen Stabelementes an derselben Stelle, somit:

$$y = \gamma (h - x - f_x) \cdot \frac{a^2}{E_2 F} \quad \ldots\ldots \quad 3)$$

Die Gleichungen 1), 2) und 3) sind die Grundgleichungen des graphischen Verfahrens. Man sieht sofort die Übereinstimmung der Gleichungen 1) und 2) mit der Differentialgleichung der Seilkurve für parallele, stetige Lasten:

$$\frac{d^2 y}{dx^2} = -\frac{q}{H},$$

worin y die Ordinaten der elastischen Linie, q die veränderliche Last und H die unveränderliche Poldistanz bedeuten. Bei veränderlichem

[1]) Siehe Anmerkung [1]).

Trägheitsmoment J (Gleichung 2) werden die Lasten q nicht durch die Momente M, sondern durch $\frac{M}{J}$ repräsentiert.

Das graphische Verfahren ergibt sich aus den drei Gleichungen von selbst: Man wählt eine Belastungsscheide mit den Ordinaten f_x (Fig. 8) nach dem Gefühl oder mit Hilfe einer Überschlagsrechnung und erhält zu den Belastungen als Gewichten die Biegungsmomente M als Ordinaten des zugehörigen Seilpolgyons. Mit den M bzw. $\frac{M}{J}$ als Gewichten erhält man durch Zeichnen des Seilpolygones die y, und mit Hilfe von Gleichung 3) verwandelt man die y in Ordinaten der Belastungsscheide f_x. Diese neue Belastungsscheide wird mit der erstgewählten nicht übereinstimmen; man trifft eine neue, verbesserte Annahme, wiederholt das Verfahren und nähert sich auf diese Weise der richtigen Lösung. — Von den eingangs angeführten drei graphisch zu behandelnden Behälterproblemen sind hiermit das erste und dritte im Prinzip gelöst, und das zweite läßt sich, wie später gezeigt werden wird, ohne Schwierigkeit auf Fall eins und drei zurückführen.

3. Schwierigkeiten bei der praktischen Durchführung.

Bis hierher stimmt die graphische Behandlung des Behälterproblems mit der graphischen Untersuchung von auf Knickung beanspruchten Stäben oder von Stäben auf elastischer Unterlage fast vollkommen überein, und es hat daher den Anschein, als ließe es sich mit derselben Leichtigkeit durchführen wie in diesen beiden Fällen.

Wenn man jedoch das Verfahren bei der Untersuchung eines konkreten Falles anwenden will, ergeben sich unerwarteterweise fast unüberwindliche Schwierigkeiten; Schwierigkeiten, welche in der Literatur noch nicht behandelt wurden[1]), und welche diskutiert werden müssen, wenn man das graphische Verfahren in die Praxis des Behälterbaues einführen will.

Die Natur dieser Schwierigkeiten ergibt sich von selbst, wenn man das Wesen der Anwendung des Mohrschen Satzes auf die Behandlung ähnlicher Probleme ins Auge faßt. Dieses Wesen besteht in folgendem:

Wenn die äußeren Kräfte, welche auf einen Stab wirken, in einer bestimmten, eindeutig analytisch oder graphisch festgelegten Beziehung zu den elastischen Formänderungen des Stabes stehen, so läßt sich die gesuchte elastische Linie aus einer ersten, gefühlsmäßig

---

[1]) Siehe Anmerkung [2]).

oder auf Grund einer Überschlagsrechnung getroffenen Annahme über die voraussichtlich zustandekommende Formänderung durch wiederholte Anwendung des Mohrschen Satzes und durch entsprechende Interpolation bzw. durch sukzessive Verbesserung der ersten Annahme ermitteln.

Bei der Untersuchung von Stäben auf Knickung und von Stäben auf elastischer Unterlage mißt man die Durchsenkungen von der neutralen Achse des unbelasteten Stabes; die Wirkung der Fehler verteilt sich

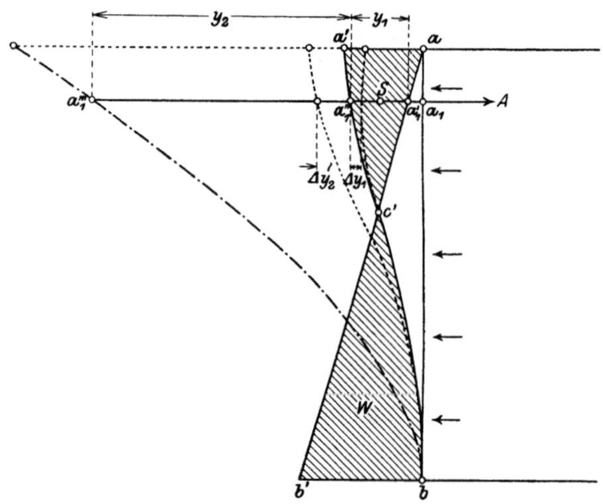

Fig. 9.

ziemlich gleichmäßig auf die ganze Stablänge, und ein rasches Erfassen der gesuchten elastischen Linie bereitet keine Schwierigkeit.

Bei der Untersuchung von Behältern nimmt man hingegen die Durchbiegungen der auf Biegung beanspruchten vertikalen Stäbe nicht von der Neutralachse des unbelasteten Stabes, sondern von jener elastischen Linie, welche sich ergeben würde, wenn der gefüllte Behälter nur aus Ringen bestände. Obendrein ist der vertikale Stab einseitig eingespannt und wächst die Wirkung der begangenen Fehler mit der Entfernung der Fehlerstelle von der Einspannstelle.

Diese Umstände behalte man im Auge und vergegenwärtige sich den Gang der Untersuchung: Zunächst wird eine Belastungsscheide im Wasserdruckdreieck nach dem Gefühl oder unter Zuhilfenahme einer Überschlagsrechnung gewählt. Mit den Gewichten W und A, welche dieser angenommenen Belastungsscheide entsprechen, zeichnet man die elastische Linie der vertikalen Stäbe, erhält dadurch unter Zuhilfenahme von Gleichung 3) eine neue Belastungsscheide und will sich etwa durch lineare Interpolation der Wahrheit nähern. Die Frage muß nun lauten: Kann eine lineare Interpolation oder eine Interpolation überhaupt zum gewünschten Ziele führen oder nicht? Man denke sich (Fig. 9) einen Achsenschnitt a b durch eine Behälterwand von rechteckigem Querschnitt. Bestände sie nur aus Ringen, so nähme sie die Gestalt a b′ an. In Wirklichkeit deformiert sie sich nach a′ b. Die Ordinatendifferenzen zwischen a b′ und a′ b sind bei konstanter Wandstärke direkt proportional den Belastungen W und A des vertikalen Stabelementes. c′ b b′ = W rührt vom Wasserdruck, a a′ c′ = A ist die Auflagerreaktion. Wenn man die Auflagerreaktion A im Schwerpunkt S der Belastungsfläche a, a′ c vereinigt, besitzt man wegen der Proportionalität der Ordinaten und der Gewichte in der Strecke y_1 ein Maß für die Größe dieser Auflagerreaktion. — Man stelle sich ferner vor, man hätte bei der Wahl der Belastungsscheide die Begrenzung der Fläche c′ b b′ richtig getroffen und bei der Bemessung der Auflagerreaktion einen Fehler Δy_1 begangen. Um zu erkennen, welche Abweichung man zu erwarten hat, wenn man mit der fehlerhaften Lastverteilung eine neue elastische Linie zeichnet, denke man sich die Auflagerreaktion A weg und den eingespannten Stab bloß mit den Gewichten (c′ b b′) = W belastet. Der Punkt a_1 kommt dann aus der Lage a_1'' nach a_1'''. Die Strecke $y_2 = a_1'' a_1'''$ gibt den Einfluß der Last A auf die Durchsenkung an der Stelle a_1. Der Fehler Δy_1 bewirkt einen Ausschlag von

$$\Delta y_2 = \Delta y_1 \frac{y_2}{y_1}$$

nach der entgegengesetzten Richtung zu Δy_1. (Für die strenge Gültigkeit dieser Rechnung ist vorausgesetzt, daß Δy_1 im Verhältnis zu y_1 so klein ist, daß eine nennenswerte Verschiebung der Schwerpunktslage von a a′ c′ durch den Fehler nicht stattgefunden habe, und die Länge des Dreieckes a′ a c′ unverändert bleibt. Das Nichtzutreffen dieser Voraussetzungen macht sämtliche Fehler noch wesentlich größer. Es handelt sich jedoch um die Feststellung von Fehlergrenzen, welche nicht unterschritten werden.) Es sind nun drei Fälle möglich:

$$\Delta y_2 = \Delta y_1 \frac{y_2}{y_1} \lesseqgtr 3 \Delta y_1$$

oder

$$\frac{y_2}{y_1} \lesseqgtr 3.$$

Im ersten Falle wird der neue Fehler

$$\frac{\Delta y_2 - \Delta y_1}{2}$$

kleiner, im zweiten gleich, im dritten größer als der erste Fehler; man wird sich durch die lineare Interporation der Wahrheit nähern oder aber von ihr entfernen. In dem vorliegenden und bei jedem kreisrunden Behälter zutreffenden Belastungsfall wird $\frac{y_2}{y_1}$ ganz bedeutend größer sein als 3, man wird sich also durch die lineare Interpolation von der Wahrheit entfernen. Man hat aber nicht nur den ersten Fehler vergrößert, sondern auch die richtig gewählte Begrenzung c′ b verloren, und zwar wird die Fläche W kleiner. Dadurch wird die Wirkung des neuen großen Fehlers Δy_2 bei A noch verstärkt. — Einleuchtend ist noch folgendes: Bedeutet Δy_1 den Fehler, mit welchem die graphische Methode als solche, etwa durch den Ersatz der Kurve durch einen Polygonzug, behaftet ist, so gibt der Wert $\Delta y_2 = \Delta y_1 \frac{y_2}{y_1}$ den äußersten Grad der Genauigkeit, auf welchen man überhaupt rechnen kann.

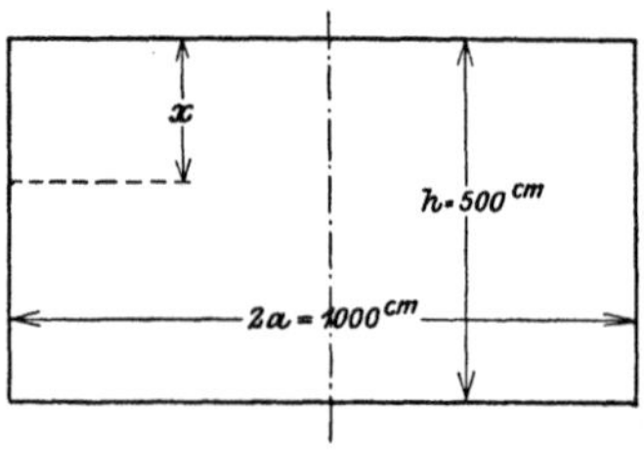

Fig. 10.

Um ein klares Bild von den eben dargelegten Schwierigkeiten zu geben, sei ein Beispiel gewählt, welches auf rechnerischem Wege vollkommen strenge behandelt werden kann, und zwar ein Behälter von 10,00 m Durchmesser, 5,00 m Wassertiefe, Wand aus homogenem Material mit rechteckigem Querschnitte und 15 cm Wandstärke. Es bedeuten (Fig. 10):

δ die Wandstärke = 15 cm,
w die Ausweichungen in radialer Richtung, nach außen positiv,
$m = 1/4$ der Querkontraktionskoeffizient,
E der Elastizitätsmodul = 273 000 kg/cm².

Nach Müller-Breslau (Graph. Statik der Bauk., Bd. II, 2. Abt., S. 252 ff. nnd S. 6 des Teiles A des vorliegenden Buches) wird:

$$w'' = \frac{d^2 w}{d\xi^2}, \quad \xi = \frac{x}{h}$$

$$w \cdot \frac{\varkappa}{\lambda} = \xi + a \cos n\xi \operatorname{Cos} n\xi + b\,(\sin n\xi \operatorname{Cos} n\xi + \cos n\xi \operatorname{Sin} n\xi)$$

$$w'' \cdot \frac{\varkappa}{\lambda} = 2n^2[-a \sin n\xi \operatorname{Sin} n\xi + b(\cos n\xi \operatorname{Sin} n\xi - \sin n\xi \operatorname{Cos} n\xi)]$$

Hierin ist:

$$\varkappa = \frac{12\,h^4\,(1-m^2)}{a^2\,\delta^2} = \frac{12 \cdot 500^4 \cdot 0{,}938}{500^2 \cdot 15^2} = 12\,510$$

$$\lambda = \frac{12\,h^5\,(1-m^2)\,\gamma}{E\,\delta^3}$$

$$\frac{\varkappa}{\lambda} = \frac{E\,\delta}{a^2\,h\,\gamma} = \frac{273\,000 \cdot 15}{500^2 \cdot 500 \cdot 0{,}001} = 32{,}8$$

$$n = \sqrt[4]{\frac{\varkappa}{4}} = \sqrt[4]{\frac{12\,510}{4}} = 7{,}48$$

$$a = \frac{-\begin{vmatrix} 1 & \sin n \operatorname{Cos} n + \cos n \operatorname{Sin} n \\ 1 & 2\,n \cos n \operatorname{Cos} n \end{vmatrix}}{n \begin{vmatrix} \cos n \operatorname{Cos} n & \sin n \operatorname{Cos} n + \cos n \operatorname{Sin} n \\ \cos n \operatorname{Sin} n - \sin n \operatorname{Cos} n & 2 \cos n \operatorname{Cos} n \end{vmatrix}}$$

$$= \frac{-\begin{vmatrix} 1 & 1152{,}5 \\ 1 & 2 \cdot 7{,}48 \cdot 331{,}5 \end{vmatrix}}{7{,}48 \begin{vmatrix} 331{,}5 & 1152{,}5 \\ -489{,}5 & 663{,}0 \end{vmatrix}} = -0{,}0006465$$

$$b = \frac{\begin{vmatrix} 1 & \cos n \operatorname{Cos} n \\ 1 & n\,(\cos n \operatorname{Sin} n - \sin n \operatorname{Cos} n) \end{vmatrix}}{n \begin{vmatrix} \cos n \operatorname{Cos} n & \sin n \operatorname{Cos} n + \cos n \operatorname{Sin} n \\ \cos n \operatorname{Sin} n \sin n - \sin n \operatorname{Cos} n & 2 \cos n \operatorname{Cos} n \end{vmatrix}}$$

$$= \frac{\begin{vmatrix} 1 & 331{,}5 \\ 1 & -7{,}48 \cdot 489{,}5 \end{vmatrix}}{7{,}48 \begin{vmatrix} 331{,}5 & 1152{,}5 \\ -489{,}5 & 663{,}0 \end{vmatrix}} = -0{,}0006815$$

Mit diesen Werten ergibt sich:

Tabelle a.

ξ	$n\,\xi$	$\operatorname{Sin} n\,\xi$	$\operatorname{Cos} n\,\xi$	$\alpha\,(n\,\xi)$	$\sin n\,\xi$	$\cos n\,\xi$
0,3	2,244	4,643	4,750	129°	+ 0,7771	— 0,6293
0,4	2,992	9,918	9,968	171°	+ 0,1564	— 0,9877
0,5	3,740	21,037	21,061	214°	— 0,5532	— 0,8290
0,6	4,488	44,555	44,566	257°	— 0,9744	— 0,2250
0,7	5,236	94,00	94,00	300°	— 0,8660	+ 0,5000
0,75	5,615	137,5	137,5	322°	— 0,6175	+ 0,7880
0,80	5,984	198,5	198,5	343°	— 0,2924	+ 0,9563
0,85	6,365	290,5	290,5	5°	+ 0,0872	+ 0,9962
0,90	6,332	419,5	419,5	26°	+ 0,4384	+ 0,8988
1,0	7,480	886,5	886,5	68°	+ 0,9272	+ 0,3746

$10^3 a \sin\alpha \,\mathrm{Sin}\,\alpha$	$10^3 a \cos\alpha \,\mathrm{Cos}\,\alpha$	$\sin\alpha \,\mathrm{Cos}\,\alpha$	$\cos\alpha \,\mathrm{Sin}\,\alpha$	$\sin\alpha \,\mathrm{Cos}\,\alpha + \cos\alpha \,\mathrm{Sin}\,\alpha$
— 2,330	+ 1,922	+ 3,690	— 2,718	+ 0,972
— 1,00	+ 6,375	+ 1,560	— 9,800	— 8,240
+ 7,59	+ 11,250	— 11,760	— 17,400	— 29,200
+ 28,00	+ 6,470	— 43,40	— 10,00	— 53,40
+ 52,35	— 30,300	— 81,15	+ 47,00	— 34,15
+ 54,70	— 69,80	— 84,60	+ 108,20	+ 23,60
+ 37,40	— 122,20	— 58,10	+ 189,20	+ 131,10
— 16,32	— 186,60	+ 25,30	+ 289,0	+ 314,30
— 118,90	— 243,00	+ 184,1	+ 377,0	+ 361,1
— 530,0	— 214,20	+ 821,0	+ 332,0	+ 1513,0

Mit Hilfe dieser Werte berechneten sich die Durchbiegungen und die Biegungsmomente wie folgt:

Tabelle b.

ξ	w^{cm}	β	$M^{kgcm/m}$
0,3	0,009 180	+ 0,0067	— 750
0,4	0,012 530	+ 0,0088	— 990
0,5	0,016 200	— 0,0037	+ 414
0,6	0,019 610	— 0,0508	+ 5 690
0,7	0,021 180	— 0,1395	+ 15 600
0,75	0,020 240	— 0,1863	+ 20 850
0,80	0,017 910	— 0,2095	+ 23 100
0,85	0,013 680	— 0,1637	+ 18 310
0,90	0,008 350	— 0,0130	+ 1 460
0,95	0,002 715	+ 0,3107	— 34 750
1,00	0,000 000	+ 0,8630	— 96 700

Die Momente ergaben sich hierbei aus:

$$M = \frac{-E\,\delta^3}{12\,(1-m^2)} \cdot \frac{d^2 w}{dx^2} = \frac{-E\,\delta^3}{12\,(1-m^2)} \cdot \frac{1}{h^2} \cdot w''$$

$$= \frac{-E\,\delta^3}{12\,(1-m^2)} \cdot \frac{1}{h^2} \cdot \frac{2\,n^2}{\frac{\varkappa}{\lambda}} \cdot \beta = \frac{-273000 \cdot 15^3}{12 \cdot 0{,}938} \cdot \frac{1}{500^2} \cdot \frac{2 \cdot 7{,}48^2}{32{,}8}\,\beta$$

$$= -1120\,\beta \text{ pro 1 cm Breite} = -112\,000\,\beta \text{ pro m,}$$

wobei

$$\beta = -a \sin n\,\xi \,\mathrm{Sin}\, n\,\xi + b\,(\cos n\,\xi \,\mathrm{Sin}\, n\,\xi - \sin n\,\xi \,\mathrm{Cos}\, n\,\xi)$$

Die Resultate der Berechnung wurden in Fig. 11 graphisch aufgetragen. Die Maßstäbe spielen in den Betrachtungen keine Rolle, nachdem es sich ausschließlich um relative Größen handelt. Die folgenden Durchsenkungen beziehen sich daher auf Zentimeter der Zeichnung. Man konzentriere die Auflagerreaktionen A im Schwerpunkt S_a (Fig. 11a). Die Strecke y_1 ergibt sich mit 0,43 cm. Die gesamte radiale Ausweichung

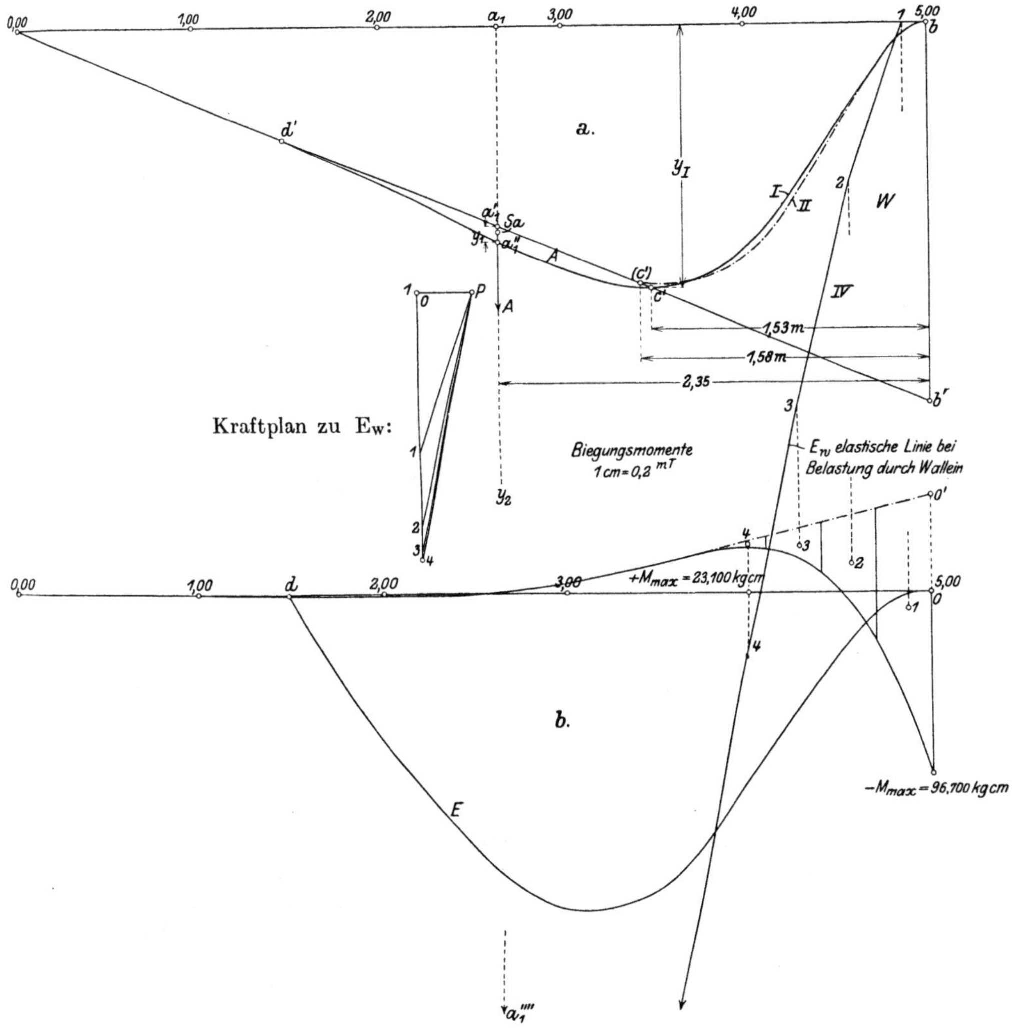

Fig. 11.

Behälter 10,00 m Durchmesser, 15 cm konstanter Wandstärke, $E = 273{,}000\ kg/cm^2$,

a) { I Belastungsscheide gerechnet,
  { II „ nach dem Näherungsverfahren.

b) E Einflußlinie für die Durchsenkung in 3 . 5 m (Stütze in d').

des Punktes a_1 beträgt 5,7 cm. Nun entferne man die Auflagerreaktion und überlasse den Stab der Einwirkung von W (Linie E_w). Die radiale Ausweichung des Punktes a_1 wird 47,6 cm, und die Strecke y_2 wird 41,9 cm; ferner wird $\frac{y_2}{y_1} = \frac{41{,}9}{0{,}43} = 97{,}7$, also sehr bedeutend und viel größer als die mit $\frac{y_2}{y_1} = 3$ angegebene Grenze der möglichen linearen Interpolation. Schätzt man die Genauigkeit der Einzeichnung der Belastungsscheide mit 0,2 mm der Zeichnung, so entspricht dies einem unvermeidlichen Fehler von $\pm 5\,\%$ in der Größe der Auflagerreaktion. Eine elastische Linie, welche mit dieser fehlerhaften Auflagerreaktion gezeichnet wird, weicht von der ursprünglichen Belastungsscheide in a_1'' um $\Delta\, y_1 \cdot \frac{y_2}{y_1} = 0{,}02 \cdot 97{,}7 = 1{,}95$ cm ab. Es ist somit keine Möglichkeit vorhanden, durch Zeichnen des zweiten Seilpolygones und wiederholten Versuch die wahre Belastungsscheide mit hinreichender Genauigkeit zu ermitteln, auch wenn man auf die lineare Interpolation verzichtet.

4. Umgehung der Schwierigkeiten.

Aus der Diskussion am Ende des vorhergehenden Abschnittes kann man entnehmen, daß die Durchführung des graphischen Verfahrens an dem großen Einfluß scheitert, welchen ein Fehler in der Bemessung der „Auflagerreaktion" A auf die Form der elastischen Linie der vertikalen Stabelemente besitzt.

Diese Schwierigkeit fällt jedoch weg, wenn man außer der Einspannstelle noch einen Punkt kennt, durch welchen die gesuchte elastische Linie genau oder angenähert hindurchgehen muß. Wenn man einen solchen zweiten Punkt kennt, unterscheidet sich die praktische Durchführung des graphischen Verfahrens im Prinzip nicht mehr von der Untersuchung etwa eines Stabes auf elastischer Unterlage. In diesem Punkt bringt man eine Hilfskraft an, welche die angenommenen, geschätzten Belastungen des vertikalen Stabelementes derart ergänzt, daß die elastische Linie durch diesen Punkt hindurchgeht. Die Hilfskraft fällt von selbst weg, wenn man durch wiederholten Versuch die richtige Belastungsscheide findet und hat nur den Zweck, die Wirkungen einer fehlerhaften Belastungsscheide auf das Bild der damit konstruierten elastischen Linie abzuschwächen und rascher zum Ziel zu führen. Diese Bedeutung der Hilfskraft wird man noch klarer erfassen, wenn man sich an die Diskussion der Schwierigkeiten im vorhergehenden Kapitel erinnert und bedenkt, daß schon ein kleiner Fehler bei Bemessung der „Auflagerreaktion" A, ein Fehler, welcher sich in seiner Wirkung sowohl auf die gefährlichsten Ringspannungen als auf die Größe des Einspannmomentes M praktisch vernachlässigen läßt, genügt, um die Weiterführung des graphischen Verfahrens zu vereiteln.

Die in der Praxis vorkommenden Behälterformen lassen sich in zwei große Gruppen scheiden. Die eine Gruppe bilden die Hochbehälter und die Bottiche. Bei ihnen ist man bestrebt, bei kleiner Flächenentwicklung einen möglichst großen Kubikinhalt zu erzielen; infolgedessen ist der Durchmesser selten größer, meist aber kleiner als die doppelte Behälterhöhe. Die Wirkung der Einspannung der Behälterwand beschränkt sich auf die unteren Wandpartien, und die gesuchte elastische Linie schmiegt sich tangentiell an jene Biegungslinie, welche das durch den Wasserdruck belastete Ringsystem der Behälterwand im Schnitte zeigen würde. (Der wellenförmige Verlauf der elastischen Linie in oberen Teile der Wand kommt praktisch gar nicht in Betracht.) Wenn man diese letztere Biegungslinie zeichnet, weiß man, daß die gesuchte elastische Linie durch jeden Punkt in der Nähe des oberen Stabendes mit genügender Genauigkeit hindurchgehen muß. Diese Tatsache liefert bei der ersten Behältergruppe den erforderlichen zweiten Punkt.

Die andere Gruppe bilden die Gasbehälterbassins. Sie besitzen im Verhältnis zur Höhe einen sehr großen Durchmesser und werden meist mit einer als Behälterumgang ausgebildeten Verstärkung des oberen Wandrandes hergestellt. Man weist dem Ring von vornherein eine gewisse Dehnung zu, bestimmt mit Hilfe des graphischen Verfahrens seine Beanspruchung und bemißt dann seinen Querschnitt derart, daß er die ihm zugewiesene Dehnung tatsächlich erfährt.

Wenn man bei graphischer Untersuchung eines Behälters eine Belastungsscheide angenommen, unter Anbringung der Hilfskraft die zugehörige elastische Linie, damit eine zweite Belastungsscheide gefunden und dann um sich der Wahrheit zu nähern, die Korrektur der ersten vorzunehmen hat, muß man folgendes bedenken.

Zunächst hinsichtlich der Form: Die Differentialgleichung der elastischen Linie eines Stabes von konstantem Querschnitt und einer stetigen, in beliebiger Form über die Stablänge verteilten Belastung (q pro Längeneinheit) lautet: $\frac{d^4y}{d^4x} = \alpha\, q$, worin α eine Konstante. Man denke sich zwei elastische Linien eines und desselben Stabes, welche, zwei verschiedenen Belastungsflächen entsprechend, in ihrer Form ein wenig voneinander abweichen. Wie werden sich die Formverschiedenheiten von elastischen Linien und Belastungsflächen zueinander verhalten? Die Ordinaten der Belastungsflächen sind direkt proportional den vierten Differentialquotienten der elastischen Linie, und wird daher eine Formverschiedenheit der elastischen Linie im Verlauf der vierten Differentialquotienten, mithin im Verlauf der Begrenzungen der zugehörigen Belastungsscheiden, sehr stark zur Geltung kommen. Umgekehrt kann man sagen, daß eine starke Veränderung in der Form der Belastungsfläche einen wesentlich schwächeren Einfluß auf den Verlauf der elastischen Linie haben wird. Ist eine gesetzmäßige Beziehung zwischen den Ordinaten der elastischen Linie und den zugehörigen Belastungen gefordert, so wird man sehr rasch die charakteristische Form der gesuchten Belastungsscheide erfassen und muß sie festhalten. Auf dieser Tatsache beruht die Durchführungsmöglichkeit des graphischen Verfahrens, sowohl bei den Behältern, als auch bei den Stäben auf elastischer Unterlage und verwandten Problemen.

Nun hinsichtlich der Größe der vorzunehmenden Korrekturen.

a b b_1 a_1 in Fig. 12 sei wieder der Schnitt durch einen Behälter in ungefülltem Zustand, die Kurve a c b zerlege das Wasserdruckdreieck a b′ b in die auf das Ring- und das Stabsystem entfallenden Belastungsanteile.

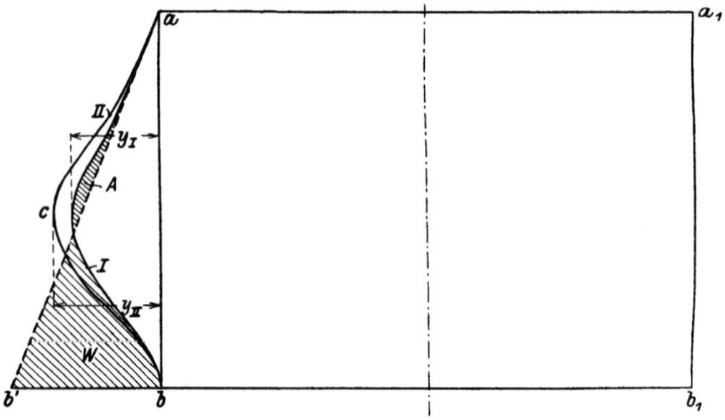

Fig. 12.

Zu der Belastungsscheide I habe man durch zweimaliges Zeichnen des Seilpolygons die Belastungsscheide II gefunden. Gäbe I bereits die richtige Lösung, so müßten sich II und I decken. Dies sei jedoch nicht der Fall gewesen und man muß, um sich der gesuchten Lösung zu nähern, die Annahme I verbessern.

In ihrem Verlauf und in ihrer Form ähneln sich I und II, die Ordinaten sind einander ungefähr proportional, doch weisen die beiden Kurven bei c verschieden große Ausbauchungen y_I und y_{II} auf. Um einen Begriff zu geben, welche Wirkung eine an I vorgenommene Berichtigung auf die Ausbauchung y_{II} der dazu zu zeichnenden Belastungsscheide II haben wird, wurde an dem speziellen, in Fig. 11 b dargestellten Beispiel der Einfluß der Belastungsflächen A und W auf y_I mit Hilfe der Einflußlinie untersucht.

Die folgenden Ziffern beziehen sich auf cm und cm^2 der Zeichnung, nachdem die absoluten Größen ohne Bedeutung sind. Es betragen in der Zeichnung die Flächen $A = 2{,}31\ cm^2$, $W = 33{,}60\ m^2$, $y_I = 5{,}93$ cm. Der Einfluß von A auf y_I beträgt $-2{,}63$ cm, der von $W + 8{,}56$ cm, der Einfluß der Gesamtbelastung somit $8{,}56 - 2{,}63 = 5{,}93$ cm.

Bei der Wahl der Belastungscheide habe man nicht die richtige Kurve, sondern eine Kurve gewählt, welche ähnlich verläuft, jedoch bei c eine um 1 mm zu kleine Ausbauchung besitzt, also bei c mit einem Fehler von — 1 mm behaftet ist. Mit Hilfe der oben gegebenen Einflußziffern berechnet sich der bei Zeichnung von II in c zu erwartende Fehler mit etwa + 2,7 mm. Man wird also ebensowenig, wie bei der graphischen Behandlung der verwandten Probleme linear interpolieren, sondern man wird sich durch schrittweise, vorsichtige Verbesserung der ersten Annahme der richtigen Lösung nähern.

5. Gang der Untersuchung bei gültigem Hookeschem Gesetz.

Die Untersuchung in den Fällen eins und drei des ersten Kapitels ist etwa in folgender Weise vorzunehmen.

Den Vertikalschnitt durch die Behälterwand zeichne man als horizontale Gerade und wähle den Längenmaßstab derart, daß sich der voraussichtliche Wirkungsbereich der unteren Einspannung auf etwa 20 cm erstreckt. Den Maßstab für die Wasserdrücke wähle man derart, daß der Wasserdruck am unteren Behälterrand durch eine Ordinate von etwa 10 cm Länge gegeben erscheint. Bei den Behältern vom Typus der Hochbehälter entnehme man den ungefähren Verlauf der Belastungsscheide der tabellarisch ausgewerteten analytischen Untersuchung einer ähnlichen Behälterform (Tabellen des Anhanges) und wähle einen Punkt der neutralen Achse jenseits des Wirkungsbereiches der unteren Einspannung als jenen zweiten Punkt, durch welchen die gesuchte elastische Linie hindurchgehen muß. Bei den Behältern vom Typus Gasbehälterbassin entscheide man sich für den Betrag der radialen Ausweichung des oberen Wandringes (in manchen Fällen praktisch gleich Null zu setzen) und zeichne die erste Belastungsscheide nach dem Gefühl.

Dann teile man die Strecke zwischen der Einspannstelle und dem zweiten gegebenen Punkt der gesuchten elastischen Linie in 10 bis 12 gleiche Teile und zeichne mit den auf das vertikale Wandelement wirkenden Teilen des Wasserdrucks als im Schwerpunkt der Belastungsflächen konzentrierten Gewichten das Momentenpolygon, entsprechend der Gleichung 1)

$$\frac{d^2 M}{dx^2} = -\gamma f_x.$$

Den Kräftemaßstab wähle man derart, daß die algebraische Gesamtsumme der im Kräfteplan aufgetragenen Belastungen etwa 12 bis 15 cm beträgt. Als Poldistanz 3—5 cm.

Die Schlußlinie des Momentenpolygons ziehe man vorläufig parallel zum letzten Seilstrahl des Kraftplanes und zeichne dazu die Kurve der $\frac{M}{J}$, in einem solchen Maßstab, daß die Ordinaten größer werden als die des Momentenpolygons.

Nun muß die Bedingung eingeführt werden, daß die elastische Linie durch den gewählten zweiten Punkt hindurchgeht. Diese Bedingung erfüllt man in der einfachen, gebräuchlichen Art durch Korrektur an der $\frac{M}{J}$ -Kurve[1]), und die Hilfskraft K, welche das vertikale Stabelement nach dem gegebenen zweiten Punkt zurückführt, ergibt sich nach Berichtigung der Schlußlinie des Momentenpolygons durch Ziehen einer Parallelen im Kraftplan.

Die elastische Linie des vertikalen Stabelementes wird nun durch den gegebenen zweiten Punkt hindurchgehen und ergibt sich gemäß Gleichung 2):

$$\frac{d^2 y}{dx^2} = - \frac{M}{E_1 J (1 + m^2)}$$

bei entsprechender Wahl der Poldistanz als Seilpolygon zu den Größen $\frac{M}{J}$ als Gewichten. Den Maßstab für den Kraftplan wählt man mit Vorteil so, daß die algebraische Gesamtsumme der Gewichte $\frac{M}{J}$ etwa 10—15 cm und die Poldistanz etwa 4—6 cm beträgt.

Die Ordinaten y der elastischen Linie verwandelt man mit Hilfe von Gleichung 3):

$$y = \gamma (h - x - f_x) \frac{a^2}{E_2 F}$$

in die Ordinaten f_x der Belastungsscheide. Diese neue Belastungsscheide wird in der Regel von der erstgewählten in ihrem Verlauf abweichen, und man korrigiert die erste Annahme nach den am Schluß des 3. Kapitels entwickelten Gesichtspunkten. Das Verfahren wird so oft wiederholt, bis man sich hinreichend der richtigen Lösung genähert hat.

Hat man es mit einer unvollkommenen Einspannung zu tun, oder ist die Möglichkeit einer radialen Ausweichung der Einspannstelle zu erwarten, so hat man für den Neigungswinkel der Tangente an der Einspannstelle bzw. für den Betrag der radialen Ausweichung einen Schätzungswert einzuführen und führt im übrigen das graphische Verfahren ganz in derselben Weise durch wie bei vollkommener Einspannung. In diesen Fällen ist das graphische Verfahren ebenfalls einer analytischen Untersuchung vorzuziehen.

---

[1]) Siehe Anmerkung 3.

6. Graphische Untersuchung armierter Behälter unter Ausschluß des Hookeschen Gesetzes.

Im Prinzip unterscheidet sich die Behandlung dieses Problemes in keiner Weise von der graphischen Behandlung der im ersten Kapitel sub 1. und 3. angeführten Fälle. Doch muß man, bevor man an die Untersuchung herantritt, die Beziehungen einerseits zwischen den Biegungsmomenten und den zugehörigen Dehnungen der äußersten Randfasern, andrerseits zwischen Zugbeanspruchung und Dehnung festgelegt haben. Dies soll in den ersten drei Abschnitten dieses Kapitels geschehen.

Gegeben seien die äußeren Abmessungen des Behälters, der Wandquerschnitt und die zulässige Inanspruchnahme des Eisens; die Beziehung zwischen Betonspannung und Dehnung sei durch ein Diagramm graphisch festgelegt. — Gesucht seien die Belastungsscheide (mit ihr das untere Einspannmoment M und die größten auftretenden Materialbeanspruchungen) und die erforderliche Armierung.

a) Voraussetzungen.

1. Das Eisen folge dem Hookeschen Gesetz. 2. Die Wirkung der Schubspannungen auf die Deformationen seien zu vernachlässigen. 3. Der Abstand der Eiseneinlagen von der Betonaußenkante betrage in den auf Biegung beanspruchten Konstruktionsteilen 0,1 h, wobei h die „nutzbare“ Plattenstärke; infolgedessen die wahre Plattenstärke H = 1,1 h.

b) Beziehungen zwischen den Biegungsmomenten und den Dehnungen der Randfasern.

Dr. Karl Heintel zeigt in seiner Schrift „Berechnung der Einsenkung von Eisenbetonplatten und Plattenbalken“, wie man aus einer Serie von Balkenbiegeversuchen die Spannungskurve (Spannungen als Funktion der Dehnungen) des Betonmaterials, aus welchem der untersuchte Balken besteht, ermittelt. Er zeigt ferner, wie man aus dieser Spannungskurve bei gegebenem Biegungsmoment die Randspannungen und Randdehnungen einer beliebig stark armierten Eisenbetonplatte berechnet, und wie man aus dem Momentenpolygon mit Hilfe des „Randdehnungsdiagrammes“ die elastische Linie eines auf Biegung beanspruchten Balkens als Seilpolygon darstellt, und kann daher dieses Verfahren als bekannt vorausgesetzt werden.

Das „Randdehnungsdiagramm“ eines auf Biegung beanspruchten Balkenquerschnittes erhält man, wenn man als Ordinaten die Biegungsmomente M und als Abszissen die zugehörigen Dehnungen der äußersten

Randfasern (ε_o und ε_u der gedrückten und der gezogenen Faser) aufträgt (Fig. 13).

Um das Verfahren bei Untersuchung von Platten mit veränderlichem Querschnitt und veränderlicher Armierung, wie dies bei den Behälterwänden im allgemeinen der Fall ist, möglichst einfach zu gestalten, wird man trachten, mit einer möglichst geringen Anzahl von Diagrammen auszukommen.

Zunächst vergleiche man Platten von verschiedener Stärke, jedoch mit gleichem Armierungsprozentsatz untereinander. Also Platten mit „ähnlichem Querschnitt". Wenn den Platten auch das Verhältnis zwischen der „nutzbaren" und der wirklichen Plattenstärke gemeinsam ist, so bedarf es keiner weiteren Ableitung, um zu erkennen, daß ihre Randdehnungsdiagramme untereinander identisch sind, sofern man auf der Ordinatenachse nicht die Biegungsmomente M, sondern die Größen $\frac{M}{H^2}$ aufträgt, worin H die wirkliche Plattenstärke. Die zweifach unendliche Mannigfaltigkeit der Randdehnungskurven ist auf eine einfach unendliche reduziert.

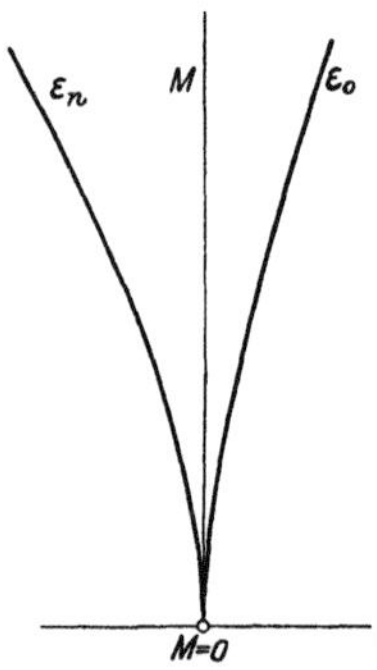

Fig. 13.

Was die Veränderlichkeit der Armierung anbetrifft, bedenke man folgendes. Je stärker die Armierung bei gegebener Plattenstärke (volle Ausnutzung des Eisens bei gerissenem Beton vorausgesetzt), desto größer die Randdruckspannungen. Die Grenzen zieht die Vorschrift. In Österreich gestattet sie bei einem Mischungsverhältnis 1 : 3 eine Betondruckbeanspruchung von $\sigma_b = 40\,\text{kg/cm}^2$ und eine Eisenzugbeanspruchung von $\sigma_e = 950$ kg für Flußeisen. Die Plattenstärken und Eisenarmaturen ergeben sich bei diesen Ziffern aus den bekannten Formeln mit

$$h = \frac{\sigma_e + n\,\sigma_b}{\sigma_b} \cdot \sqrt{\frac{6\,M}{n\,(3\,\sigma_e + 2\,n\,\sigma_b) \cdot b}} = 0{,}0386\,\sqrt{M}$$

$$f_e = \frac{b\,h\,\sigma_b{}^2\,n}{2\,\sigma_e\,(\sigma_e + n\,\sigma_b)} = 0{,}0314\,\sqrt{M}.$$

Die wirkliche Plattenstärke beträgt, da wie oben $H = 1{,}1\,h$, $H = 0{,}0424\,\sqrt{M}$. Die Platte ist somit 0,74 % armiert. Über diesen Armierungsprozentsatz wird man nicht hinausgehen, denn sonst würde man bei einer Eisenzugbeanspruchung von 950 kg/cm² die zulässige Betondruckbeanspruchung von 40 kg/cm² überschreiten.

Wenn dieselbe Platte an einer anderen Stelle einem schwächeren Biegungsmoment ausgesetzt ist, und ein zwingender Grund, die starken

Armaturen der voll ausgenutzten Partien durchzuführen, nicht vorliegt, so wird die Armatur im Verhältnis $\frac{M_1}{M}$ des aufzunehmenden Biegungsmomentes zu dem bei der gegebenen Plattenstärke äußerst zulässigen Maximalmomente verringert.

Die Armierungen einer plattenförmigen Tragkonstruktion schwanken demnach zwischen 0,74 % und 0 %. Die Randdehnungsdiagramme für verschiedene Plattenstärken, jedoch gleichen Armierungsprozentsatz sind untereinander identisch; infolgedessen kann man sich darauf beschränken, für eine Anzahl verschiedener Armierungen zwischen 0,74% und 0 % die Diagramme zu zeichnen.

In den Tabellen 1—4 des Anhanges wurden nach Heintel die Randdehnungen für 0,740, 0,626, 0,548, 0,436, 0,346, 0,194 und 0,088 prozentig armierte Platten unter Zugrundelegung der von Heintel für den Balken Nr. 48 der Bachschen Biegeversuche ermittelten Spannungskurve berechnet. Die Bezeichnungen in den Tabellen beziehen sich auf die Heintelsche Schrift.

Die Resultate wurden in den Figuren 14 bis 23 graphisch als „Randdehnungsdiagramme" aufgetragen. Die Ordinaten geben die Werte von $\frac{M}{H^2}$, die Abszissen die zugehörigen Dehnungen in den angeführten Maßstäben. Fig. 21 zeigt, wie die Gesamtdehnung $(\varepsilon_0 + \varepsilon_u)$ der äußersten Plattenfasern für einen und denselben Wert von $\frac{M}{H^2}$ mit abnehmender Armierung allmählich zunimmt. Diese Zunahme ist relativ so gering, daß man etwa bei Zeichnung der elastischen Linie als Seilpolygon die Gesamtdehnung direkt mit dem Zirkel aus dem Randdehnungsdiagramm jenes Balkens abgreifen kann, dessen Armierungsprozentsatz der Armierung des in Betracht gezogenen Balkenstückes am nächsten kommt.

In jedem der sieben Diagramme Figur 14 bis 20 ist jener Wert von $\frac{M}{H^2}$ eingetragen, bei welchem das Eisen bei gerissenem Beton auf 950 kg/cm² beansprucht ist.

Ein Beispiel soll zeigen, wie man mit den Randdehnungsdiagrammen arbeitet.

Man denke sich eine Platte A B (Fig. 24 links) einseitig eingespannt und die zugehörige Momentenlinie M. Gesucht sei die elastische Linie. $\frac{M_1}{H_1^2}$ und $\frac{M_2}{H_2^2}$ wird berechnet, aus dem rechtsstehenden Diagramm (Fig. 24 rechts) entnimmt man die nötigen Armierungsprozentsätze p, und p_2. Die Armierungen werden wie in Fig. 24 links gezeichnet durchgeführt, p_1 im Bereich der negativen Momente, p_2 im Bereich der positiven. Den Armierungsprozentsatz selbst kann man für jeden der beiden Bereiche als konstant betrachten, soferne die Veränderlichkeit des Querschnittes nicht sehr

Randdehnungsdiagramme.

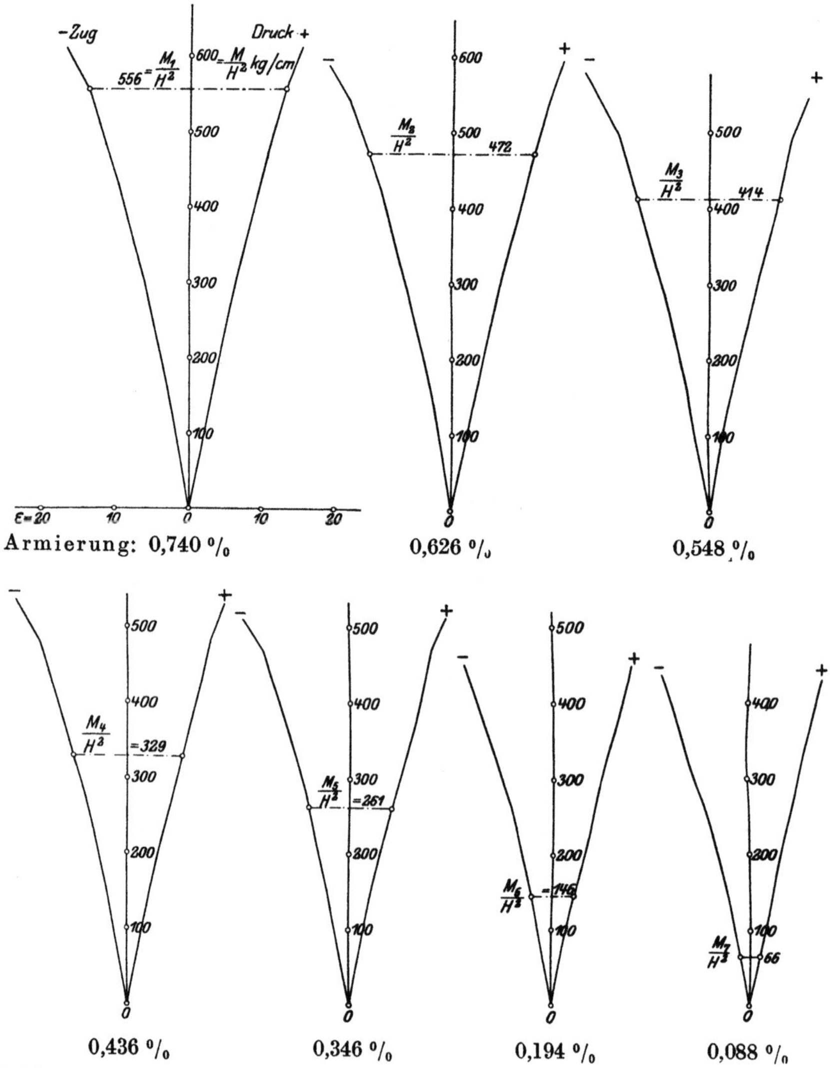

Fig. 14—20. Biegung armierter Platten nach Heintels Diagramm.

bedeutend ist. Dann zerlegt man den Stab in Lamellen von der Länge t, berechnet die $\frac{M}{H^2}$ und zeichnet die elastische Linie als Seilpolygon

Fig. 21—23. Dehnungen der äußersten Fasern.

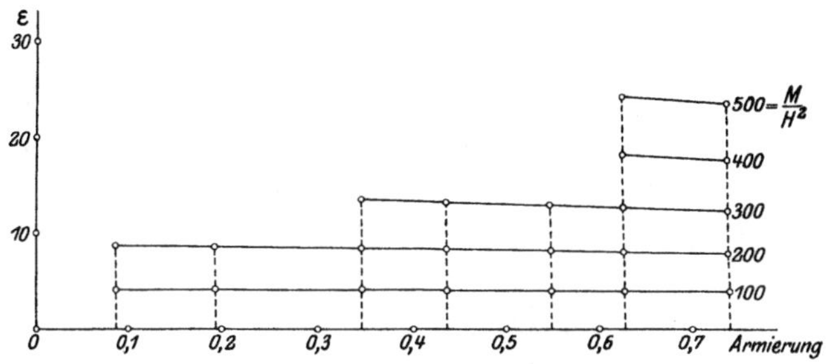

Fig. 21. Gesamtdehnung bei verschiedener Armierung.

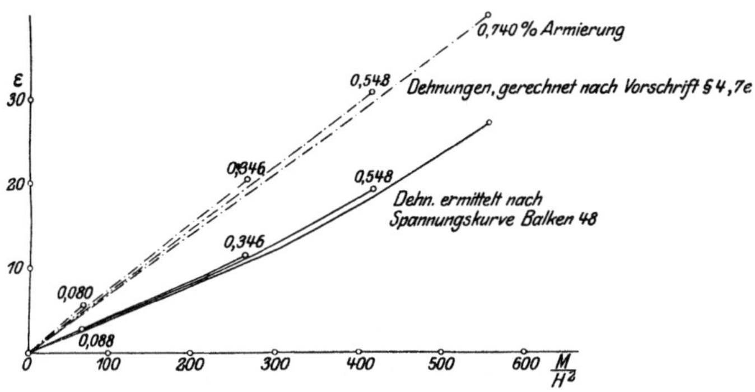

Fig. 22. Gesamtdehnung bei verschiedenen $\frac{M}{H^2}$.

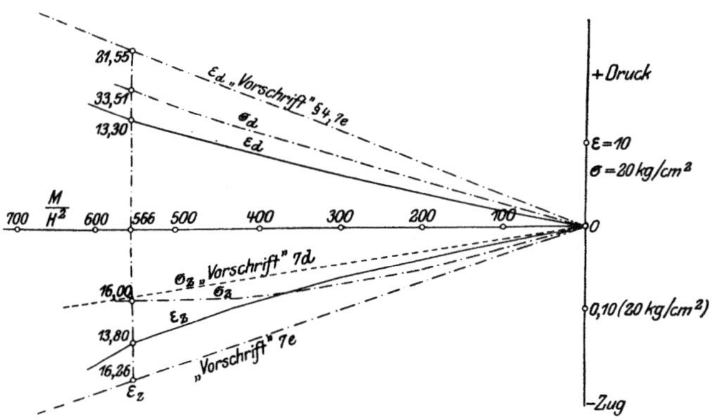

—— ε_z, ε_d Dehnungen } berechnet nach Spannungskurve
-·-·-· σ_z, σ_d Spannungen } Balken Nr. 48.

Fig. 23. Armierung 0,740 %.

mit den Gewichten $\frac{\varepsilon_0 + \varepsilon_u}{H} \cdot t$, wobei man die Größen $\varepsilon_0 + \varepsilon_u$ direkt denjenigen Randdehnungsdiagrammen entnimmt, welche der nötigen Armierung p_1 bzw. p_2 am nächsten kommen. Zu diesem Zweck wurden die Gesamtdehnungen $\varepsilon_0 + \varepsilon_u$ für verschiedene Armierungsprozentsätze als Kurvenbündel in einem Diagramm vereinigt (Fig. 25). Die umständliche Berechnung der Trägheitsmomente hat man sich erspart und erhält sofort die wahren Dehnungen durch Ablesen im Diagramm.

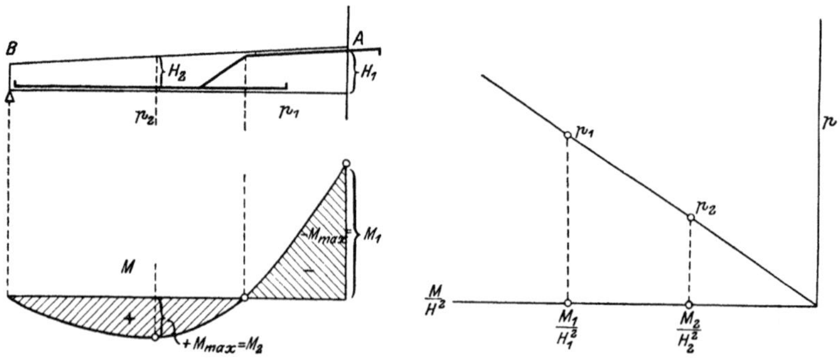

Fig. 24.

c) Beziehungen zwischen Zugspannungen und Dehnungen.

Ein Eisenbeton-Zugorgan sei p-prozentig, und zwar derart armiert, daß die Eisenbeanspruchung bei gerissenem Beton gerade gleich ist der zulässigen Beanspruchung, etwa 950 kg/cm². F sei der Gesamtquerschnitt des Verbundkörpers, f_e der Eisenquerschnitt, der Armierungsprozentsatz betrage $p = 100 \frac{f_e}{F}$. Bestände das Zugorgan bei gleichem Querschnitt F aus homogenem Material, so wäre die Zugbeanspruchung pro 1 cm²

$$\sigma^{kg} = \frac{f_e}{F} \cdot 950 = 0{,}01 \cdot p \cdot 950^{kg}.$$

Wenn der Beton reißt, erleidet das Eisen eine Dehnung von

$$\frac{\sigma_e}{E_e} = \frac{950}{2\,100\,000} = \frac{45{,}2}{100\,000}\ \mathrm{cm/cm}.$$

Auf die Gesamtdehnung des Zugorganes hat jedoch dieses Einreißen nur einen untergeordneten Einfluß, denn die hohe Eisenbeanspruchung beschränkt sich auf die allernächste Umgebung des Zugrisses. Wenn man die Dehnungen des Zugorganes kennen lernen will, muß man wissen, wie sich die Spannungen auf die beiden Materialkomponenten des Verbundkörpers verteilen.

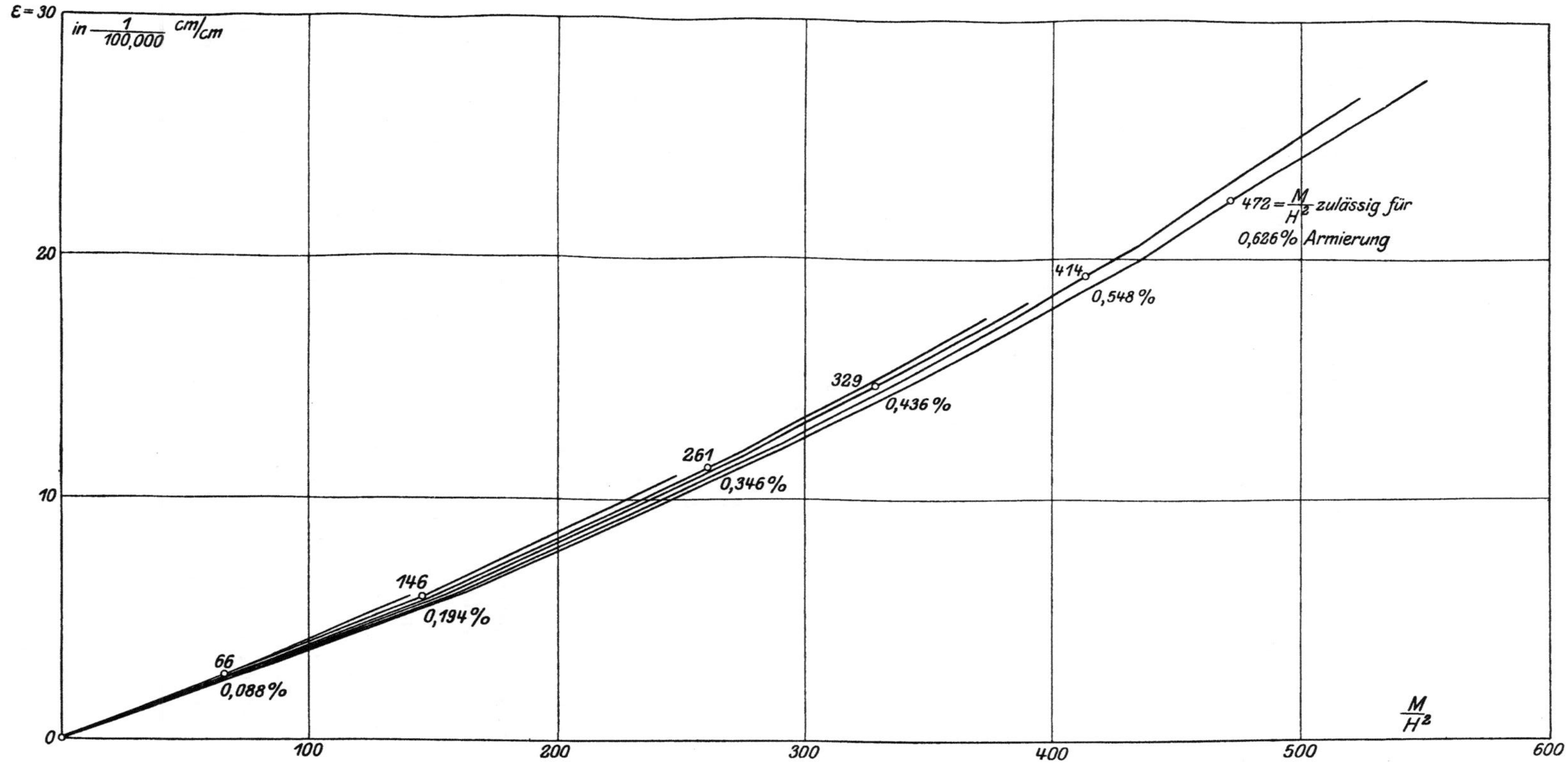

Fig. 25. Diagramm der Dehnungen für reine Biegung, verschiedene Armierungsprozentsätze.

Um dies zu beantworten, wurde, wieder unter Zugrundelegung des von Heintel für Balken 48 ermittelten Spannungsdiagrammes, die Figur 26 gezeichnet. Die Abzissen geben die Dehnungen in $^1/_{100000}$ cm/cm, die positiven Ordinaten die Betonzugspannungen in kg/cm².

Auf den cm² Beton entfallen 0,01 p cm² Eisen. Wenn der Beton reißt, wird das Eisen mit 950 kg/cm² beansprucht, die Dehnung beträgt $\frac{45,2}{100000}$, und das Stabende kommt nach A. Auf die 0,01 p cm² Eisen entfällt eine Beanspruchung von 0,01 p . 950 = 14,23 kg, und

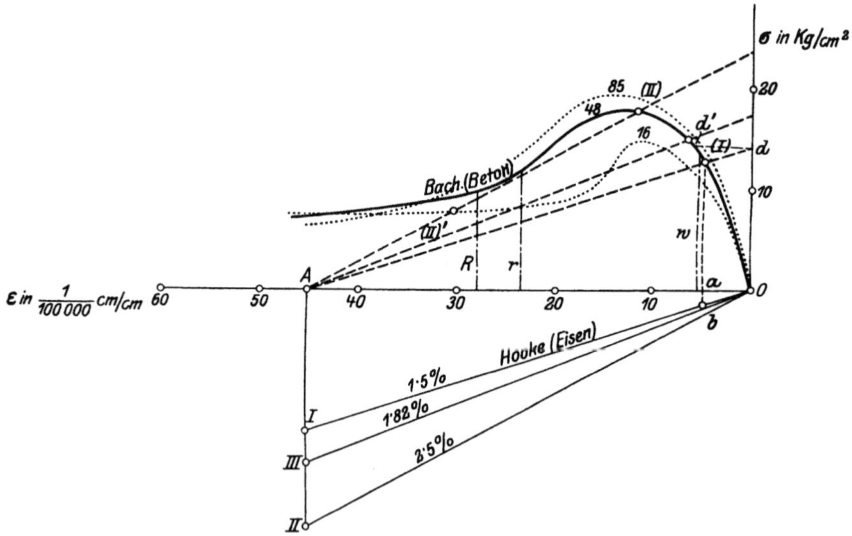

w erste Wasserflecken,	48 Dehnungskurve Balken Nr. 48,
r die ersten Zugüsse,	16 „ „ „ 16,
R Reißen des Betons,	85 „ „ „ 85.

Fig. 26. Dehnungsdiagramm bei reiner Zugbeanspruchung, nicht armiertem Beton.

wird diese Beanspruchung von A als Ordinate nach abwärts aufgetragen. Die Linie I O liefert die Belastung der 0,01 p cm² Eisen als Funktionen der Dehnung. An jenen Stellen, an welchen der Beton nicht gerissen ist, haben Beton und Eisen die Dehnung gemeinsam, und die Summe aus der Belastung von 1 cm² Beton und 0,01 p cm² Eisen muß gleich sein 0,01 · p · 950. Wenn man daher zu O I durch A eine Parallele zieht und mit der Betonspannungskurve zum Schnitt bringt, so geben die Koordinaten die Schnittpunktes (I) Betondehnung und Spannung. Die Strecke $\overline{a\,b}$ gibt die auf 0,01 p cm² Eisen entfallende Beanspruchung, und die Eisenbeanspruchung pro 1 cm² berechnet sich mit $\sigma_e = \frac{\overline{a\,b}}{0{,}01\,p}$.

Aus Figur 26 erkennt man ferner, je höher der Armierungsprozentsatz bei gleichem zulässigen σ_e, desto größer 0,01 · p · 950, und desto größer werden die Ordinaten A I (A II bei 2,5 % Armierung), mit ihnen die Strecken (I) a, die Betonzugbeanspruchung wächst und der Punkt (I) kommt bei Armierungen von 2 % und mehr in einen Teil der Spannungskurve, in welchen das Hookesche Gesetz gar keine Geltung mehr besitzt und die Dehnungen in hervorragendem Maß von zufälligen Eigenschaften des Materiales abhängen[1]). So z. B. entstammen die Kurven 16 und 85 in Figur 26 derselben Serie von Bachschen Biegeversuchen wie Balken 48.

Aus dem Diagramm (Figur 26) erkennt man endlich folgendes. Wäre ein unarmiertes Beton-Zugorgan mit d O kg/cm² belastet, so ergäbe sich die Dehnung pro Längeneinheit mit d d′. Wenn jedoch das Zugorgan derart armiert ist, daß das Eisen bei gerissenem Beton mit 950 kg/cm² beansprucht ist, so ergibt sich die Dehnung als Abszisse von (I) mit a O.

Da die d O die auf den cm² Gesamtfläche bezogenen Spannungen bedeuten, kann man zu jedem d O sofort durch Ziehen der Linien d A die zugehörigen Punkte (I) und damit die Dehnungen des vorschriftsmäßig armierten Betons erhalten. Umgekehrt, wenn man mit den Strecken d O als Ordinaten und a O als Abszissen ein Diagramm zeichnet, ist man in der Lage, für jede Dehnung sofort die Einheitsspannung des vorschriftsmäßig armierten Zugorganes anzugeben.

Dieses Diagramm ist auf Figur 27 dargestellt und ermöglicht, aus den Ordinaten der elastischen Linie einer Behälterwand die Belastungsscheide zu ermitteln, ohne eine Annahme über die Größe der Ringarmaturen getroffen zu haben; denn diese Armatur ist bereits für jeden Dehnungswert berücksichtigt. Ebenso wie man es nicht nötig hatte, bei der Behandlung der gebogenen Platte eine Annahme über die Armierung der Platte zu treffen. Man arbeitet in den Diagrammen mit den Spannungen eines Betons, welcher die vorschriftsmäßige Armierung samt ihren Wirkungen bereits in sich trägt, und darin liegt ein großer Vorteil.

d) Ableitung des Mohrschen Satzes unter Ausschluß des Hookeschen Gesetzes.

Es bedeuten (siehe Figur 28) im folgenden:

$\Delta = \varepsilon_0 + \varepsilon_u$, die Summe der Dehnungen der äußersten Randfasern (bezogen auf die Längeneinheit)

ρ den Krümmungsradius der geometrischen Balkenachse.

---

[1]) Siehe Anmerkung [4]).

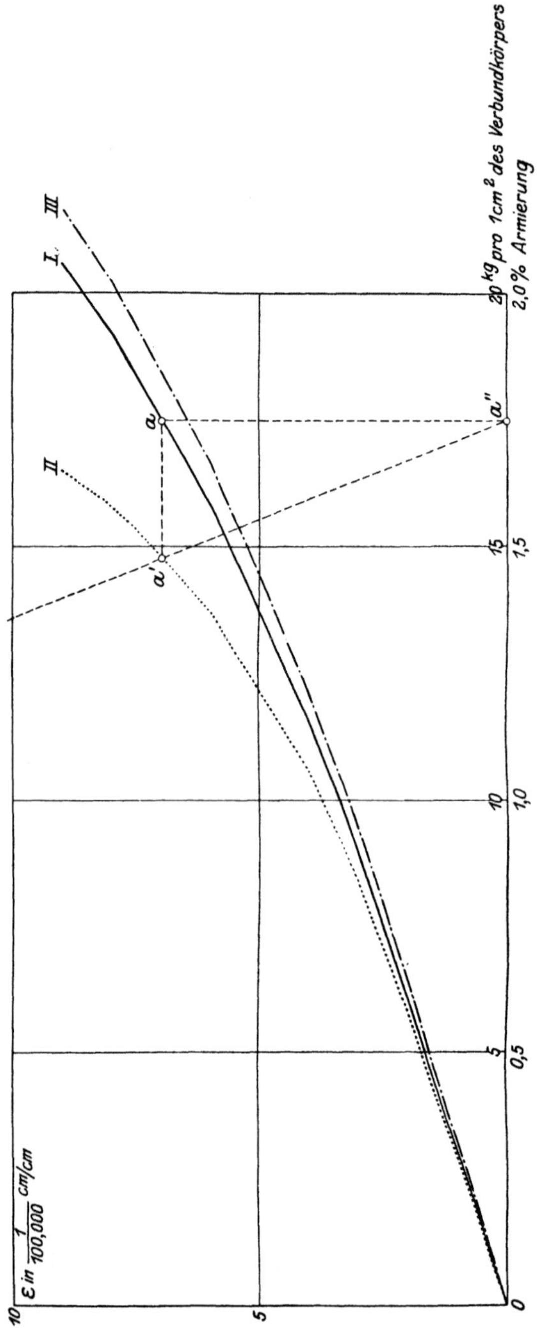

Fig. 27. Dehnungsdiagramm für reine Zugbeanspruchung, vorschriftsmäßig armierter Beton ($\sigma_b = 950$ kg/cm).

I armierter Beton,
II nicht armierter Beton,
III vorschriftsmäßige Armierung als Funktion der Dehnung.

Die Distanz zwischen der wahren Neutralachse und der geometrischen Balkenachse kann gegenüber dem Krümmungsradius vernachlässigt werden. Es ist nun:

$$d\varphi = -\frac{\Delta \cdot dx}{H}, \quad dx = \rho \cdot d\varphi, \text{ somit } \frac{1}{\rho} = -\frac{\Delta}{H};$$

$$\rho = \frac{\left[1 + \left(\frac{dy}{dx}\right)^2\right]^{\frac{3}{2}}}{\frac{d^2y}{dx^2}} \doteq \frac{1}{\frac{d^2y}{dx^2}} = -\frac{H}{\Delta}$$

und

$$\frac{d^2y}{dx^2} = -\frac{\Delta}{H}.$$

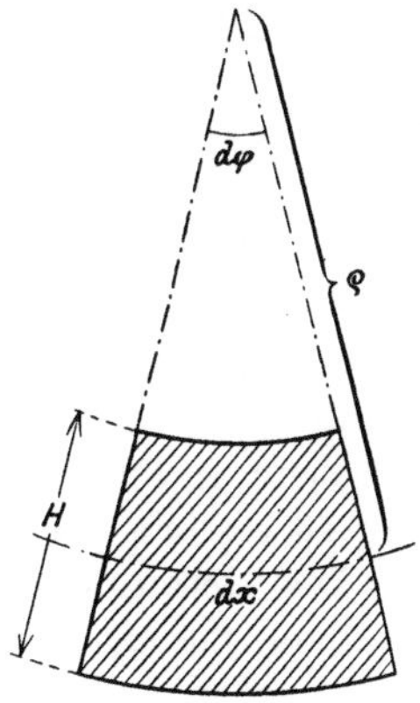

Fig. 28.

Aus $\frac{d^2y}{dx^2} = -\frac{\Delta}{H}$ ergibt sich der Schritt zur Darstellung der elastischen Linie als Seilkurve auf Grund rein geometrischer Überlegung.

Die Grundgleichungen des graphischen Verfahrens verwandelnsich in:

$$\frac{d^2M}{dx^2} = -\gamma f_x \quad \ldots\ldots\ldots \quad 1)$$

$$\frac{d^2y}{dx^2} = -\frac{\Delta}{H}\frac{1}{1+m^2} \quad \ldots\ldots\ldots \quad 2)$$

$$f_x = f(y) \quad \ldots\ldots\ldots \quad 3)$$

Die Beziehung Gleichung 3) ist gegeben durch das Zugspannungsdiagramm der Verbundkörper, Figur 27.

7. Gang der Untersuchung bei Ausschluß des Hookeschen Gesetzes.

Wenn für das Baumaterial eines Behälters das Diagramm, welches die Dehnungen in ihrer Abhängigkeit von den Spannungen darstellt, gegeben ist, so hätte man aus diesem Diagramm gemäß Kapitel 6 a) bis c) jene Daten abzuleiten, welche man bei der graphischen Untersuchung benötigt, das sind die Randdehnungsdiagramme für biegungsbeanspruchte Platten verschiedener Armierung und das Dehnungsdiagramm für reine Zugbeanspruchung der vorschriftsmäßig armierten Zugorgane.

Wenn man nun einen Behälter zu untersuchen hat, kennt man in der Regel das Dehnungsdiagramm des zu verwendenden Betons noch gar nicht. Und wenn man es kennt, weiß man nicht, ob das Material überall dieselben Festigkeitseigenschaften aufweisen wird wie etwa der Probebalken.

Es wäre deshalb im Hinblick auf den Zweck der Untersuchung etwa folgendermaßen zu verfahren. Aus dem Beton-Dehnungsdiagramm eines Materiales, dessen Festigkeitseigenschaften möglichst stark vom Hookeschen Gesetz abweichen (etwa Kurve 16, Figur 26), leitet man ein für allemal die eingangs erwähnten zwei Gruppen von Daten ab. Dann untersucht man den Behälter analytisch oder graphisch unter Beibehaltung des Hookeschen Gesetzes, und wenn es die Größe und Wichtigkeit des Bauwerkes erfordert, ergänzt man die Untersuchung bei ausgeschaltetem Hookeschen Gesetz unter Benutzung der beiden Gruppen von Daten. Schon nach Auftragung des ersten Seilpolygonpaares wird man sehen, welche maximale Abweichung von den Resultaten etwa der analytischen Untersuchung man zu erwarten hat.

Die Details der ergänzenden Untersuchung werden aus der Behandlung des nachfolgenden Beispieles hervorgehen.

Es sei (siehe Figur 29) ein Reservoir in Eisenbeton zu untersuchen, mit 5,00 m Höhe, 10,00 m Durchmesser, am unteren Rand fest eingespannter Behälterwand. Trapezförmiger Wandquerschnitt, obere Wandstärke 8 cm untere Wandstärke 14 cm. Zulässige Inanspruchnahme des Eisens auf Zug: 950 kg/cm². Die Belastungsscheide bei gültigem Hookeschen Gesetz (Figur 29, B_1) wurde auf graphischem Weg ermittelt, und es soll die Untersuchung unter Ausschluß des Hookeschen Gesetzes ergänzt werden. Die Beziehung zwischen Betonspannung und -dehnung ist durch das im sechsten Kapitel benutzte Heintelsche Diagramm gegeben, und die beiden Gruppen abgeleiteter Daten sind in den Figuren 25 und 27 niedergelegt.

Es bedeuten im folgenden:

h die Behälterhöhe,

a den Behälterhalbmesser,

H die (veränderliche) Wandstärke,

m $= {}^1/_4$ die Ziffer der Querkontraktion,

y_x die Ausweichung der Behälterwand in der Höhe x über der Einspannstelle in $^1/_{100000}$ cm,

d jenen zweiten Punkt, durch welchen die elastische Linie hindurch gehen muß,

K die Hilfskraft in d.

Die Auftragung der Belastungsscheide und des Wasserdruckdreieckes erfolgte in derselben Weise, wie dies im vierten Kapitel auseinandergesetzt wurde. Die elastische Formänderung, welche die Behälterwand erleiden würde, wenn sie nur in Ringen bestände, wurde im

Untersuchung unter Ausschluß des Hookeschen Gesetzes.

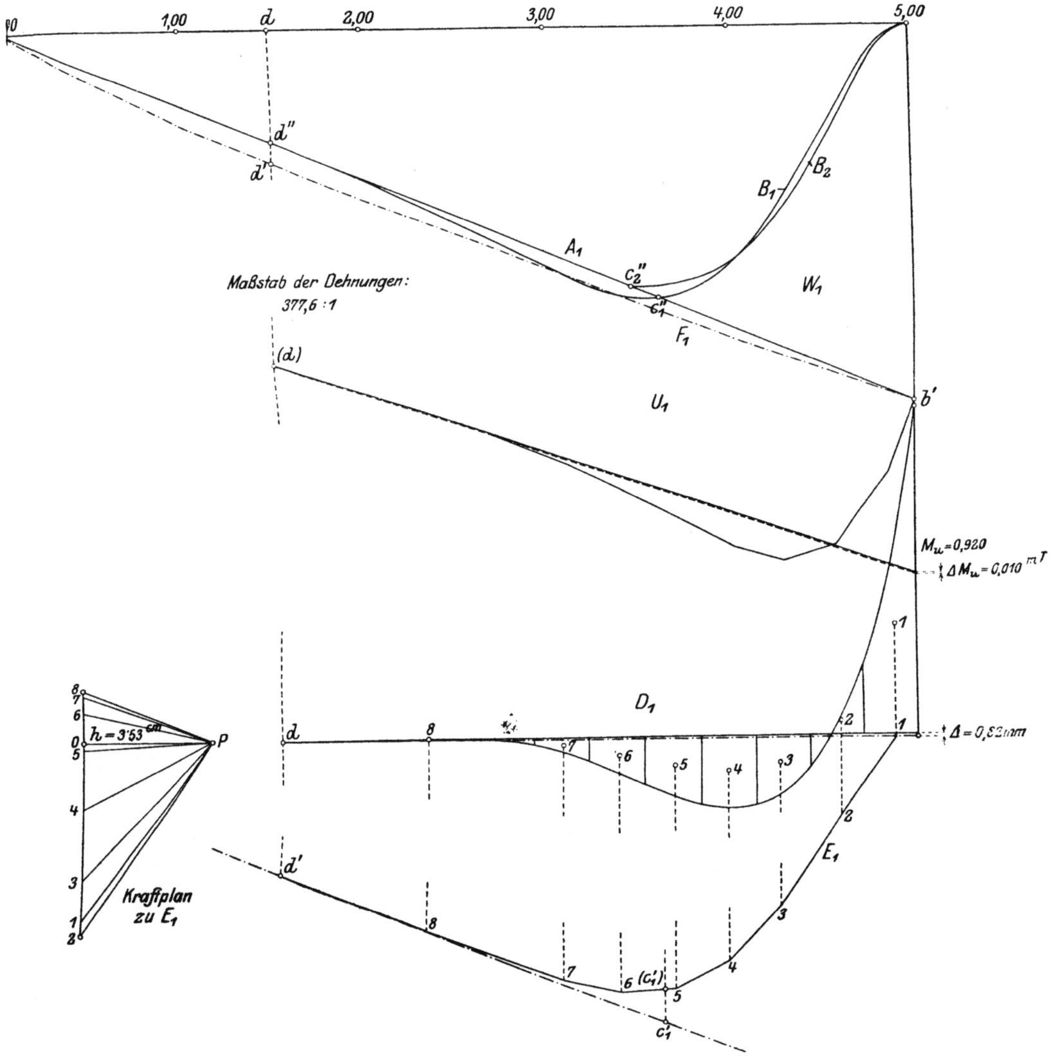

Fig. 29.

U_1 = Momentenlinie,

D_1 = Linie der Dehnungen $\dfrac{(\varepsilon_o + \varepsilon_u)\, t\, (1 - m^2)}{H^2}$.

Maßstab 283,2 : 1 aufgetragen, damit diese Kurve (F_1) durch den Punkt b′ des Wasserdruckdreieckes hindurchgeht. Es macht dies die Untersuchung übersichtlicher. Die Ermittlung ihrer Ordinaten sei an dem Ring in der Tiefe T = 2,00 m unter dem oberen Behälterrand gezeigt:

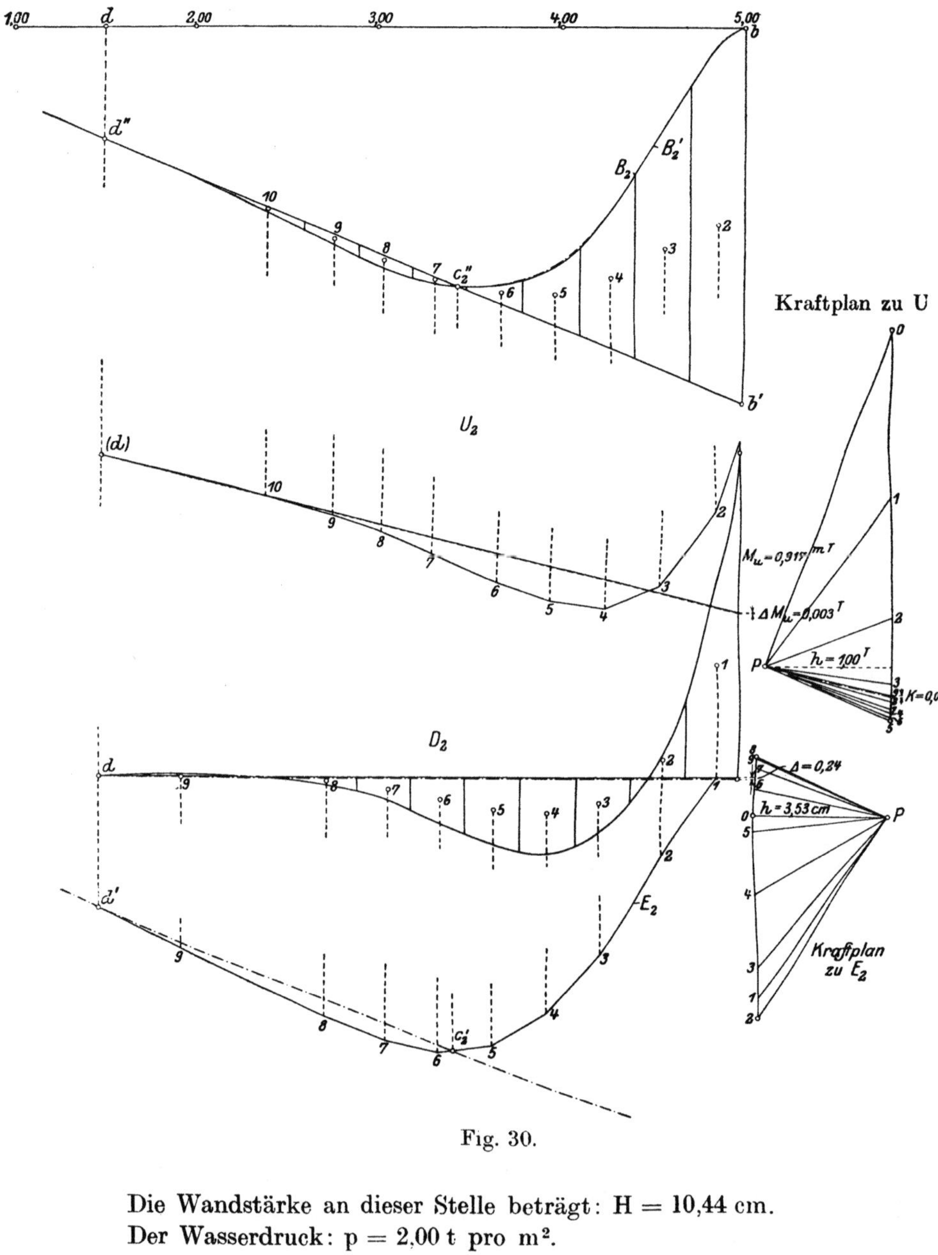

Fig. 30.

Die Wandstärke an dieser Stelle beträgt: H = 10,44 cm.
Der Wasserdruck: p = 2,00 t pro m².

Die Zugkraft Z in einem Streifen von 1,00 m Breite:

$$p \cdot a = 2{,}00 \cdot 5{,}00 = 10{,}00\,t = 10\,000\,kg.$$

Querschnitt des Verbundkörpers: $b \cdot H = 100 \cdot 10{,}44 = 1044\,cm^2$.

Zugspannung pro 1 cm^2 Verbundkörper: $\sigma = 9{,}57\,kg/cm^2$.

Ist der Verbundkörper vorschriftsmäßig, d. h. derart armiert, daß das Eisen bei gerissenem Beton mit 950 kg/cm^2 beansprucht ist, so erleidet er bei der Beanspruchung von 9,57 kg/cm^2 laut Diagramm Figur 27 Kurve I eine Dehnung $\varepsilon = 3{,}22$ (in $^1/_{100000}$ cm/cm). Daher:

Vergrößerung des Behälterradius $y = \varepsilon \cdot a = 1610$;

Im Maßstab der Zeichnung: $^1/_{100000} \cdot 1610 \cdot 283{,}2 = 4{,}56$ cm.

Zur Zeichnung der Polygone wurde das Intervall d b (siehe Figur 29 unten) in acht Teile geteilt (sieben Teile von der Länge $t = 30$ cm, der achte, dem Punkt d benachbarte, wegen des nahezu geradlinigen Verlaufes der elastischen Linie in diesem Teil mit $t = 140$ cm).

Mit den der Belastungsscheide B_1 entsprechenden und in den Schwerpunkten der Belastungsstreifen angreifenden Belastungen W_1 und A_1 des vertikalen Stabelementes wurde das Momentenpolygon U_1 gezeichnet. Das Einspannmoment M_u hat sich der vorhergegangenen Untersuchung bei gültigem Hookeschen Gesetz mit $M_u = 0{,}930$ m t pro m Umfang ergeben. Zu den Biegungsmomenten wurden die zugehörigen Δ ($\Delta = \varepsilon_0 + \varepsilon_u$, siehe 6. Kap. d) den Diagrammen Figur 25 entnommen, und zwar in der Weise, wie dies im 6. Kapitel b) bei Fig. 24 beschrieben wurde.

Damit die elastische Linie trotz der neu eingeführten elastischen Bedingungen durch den Punkt d′ geht, muß in d die kleine Hilfskraft K angebracht werden, und die statischen Momente der Dehnungen müssen in der bekannten Weise der Bedingung entsprechen:

$$\sum_0^{s_1} \frac{\varepsilon_0 + \varepsilon_u}{H} \cdot t \cdot s \frac{1}{1 + m^2} = y_d, \text{ wobei } y_d = 1192 \text{ (in } 1/100000\,\text{cm)}.$$

s bedeutet hierin die Abstände der Schwerpunkte der Teilflächen von d, und y_d ist als Ordinate von F_1 der Zeichnung zu entnehmen.

Wegen der Kleinheit der vorzunehmenden Korrektur kann man bei der Richtigstellung des Dehnungsdiagrammes D_1 Proportionalität von Dehnung und Spannung annehmen und in derselben Weise verfahren, wie dies in der Anmerkung 3) zu Kap. 5 gezeigt worden ist. Die Hilfskraft K ergibt sich aus dem Kraftplan zu U_1.

Mit den richtiggestellten Dehnungen wurde die elastische Linie E_1 gezeichnet. Die Maßstäbe der y betragen $\frac{283}{1}$, für s: $\frac{1}{20}$ und Δ im Kraftplan $\frac{20\,000}{1}$. Die Polweite berechnet sich mit 3,83 cm.

Aus den Ordinaten der Kurve E_1 ermittelt man die Ordinaten der zugehörigen Belastungsscheide (der Übersichtlichkeit des Bildes wegen in der Figur nicht gezeichnet) auf folgende Weise:

Die Dehnung des Ringes pro cm Umfang beträgt $\frac{y}{a}$.

Der Dehnung ε entspricht laut Kurve I, Figur 27 die Spannung σ pro cm² Verbundkörper.

Aus σ und der Wandstärke berechnet sich der auf das Ringelement entfallende Teil des Wasserdruckes p in t/m² und mit ihm die Ordinate der gesuchten Belastungsscheide.

Es zeigt sich, daß die neue Belastungsscheide viel konkaver verläuft als die den Ausgang der Untersuchung bildende Kurve B_1. Unter Beibehaltung der neugefundenen charakteristischen Form wurde die B_1 auf B_2 korrigiert. In Figur 30 wurde das Verfahren wiederholt, und man sieht, daß B_2 bereits die richtige Belastungsscheide mit hinreichender Genauigkeit darstellt.

Die Biegungsmomente ergeben sich aus dem Resultat mit:

$$-M_{max} = 0{,}917 \text{ mt}; \quad +M_{max} = 0{,}180 \text{ mt}.$$

$$+\frac{M_{max}}{H^2} = 110; \quad -\frac{M_{max}}{H^2} = 460.$$

Mit diesen beiden Werten ergeben sich die erforderlichen Armierungen aus Figur 21 zu:

$$p_1 = 0{,}608\ \% \text{ und } p_2 = 0{,}146\ \%.$$

Die maximale Wandarmierung ergibt sich aus der maximalen Radiusvergrößerung des Behälters y und der zugehörigen Dehnung $\varepsilon = \frac{y}{a} = 4{,}99$ direkt aus dem Diagramm Figur 27 Kurve III mit 1,44%, die zugehörige Spannung im Beton mit $\sigma_z = 12{,}2$ kg/cm². Die Randzugspannungen für Biegung ergeben sich, ebenfalls durch direkte Ablesung aus Figur 23, mit $\sigma_z = 17{,}1$ kg/cm² bzw. 6,3 kg/cm². Wenn der Beton reißt, ist das Eisen bei dem angegebenen Armierungsprozentsatz mit $\sigma_z = 950$ kg/cm² beansprucht, sowohl in den Ringen als auch in den Stäben an den Stellen der Maximalmomente.

Ein Vergleich dieser Resultate mit den Ergebnissen, von welchen die Untersuchung ausgegangen ist, zeigt folgendes:

Das Einspannmoment wurde um 1,5 % kleiner.

Die Ringbeanspruchung in 3,5 m Tiefe um 5,1 % kleiner, in 4,5 m Tiefe um 13,4 % größer.

Es ist klar, daß die sich ergebenden Abweichungen gegenüber den unter Beibehaltung des Hookeschen Gesetzes errechneten Resultaten wachsen, wenn man aus ökonomischen Gründen über die im Beispiel vorkommenden Betonzugbeanspruchungen in den Ringen hinausgeht.

8. Näherungsverfahren zur direkten Dimensionierung von Behältern mit rechteckigem Wandquerschnitt.

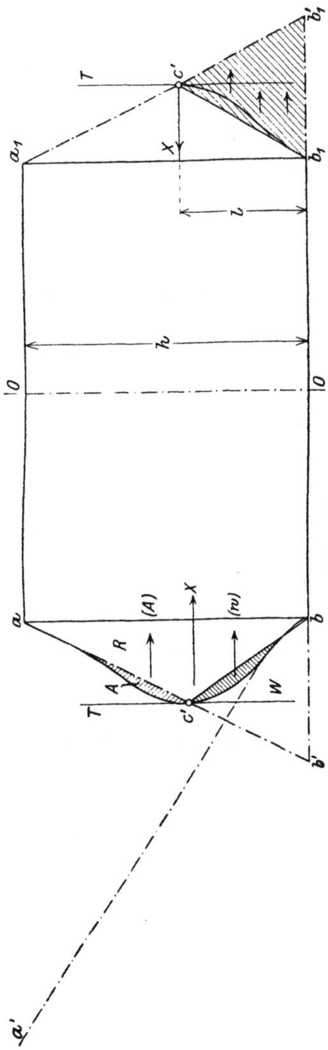

Fig. 31.

Bei der Projektierung kleiner Behälter mit rechteckigem Wandquerschnitt ist es von Nutzen, eine Formel zu besitzen, welche direkt jene Wandstärke liefert, welche der Behälter haben muß, damit das Material an der gefährlichsten Stelle gerade noch voll ausgenutzt wird.

Die gefährlichste Stelle ist bei Eisenbetonbehältern der untere Rand (die Einspannstelle), und maßgebend für die Dimensionierung ist das untere Einspannmoment.

Mit Hilfe einiger Vernachlässigungen läßt sich bei Behältern vom Typus der Hochbehälter (vgl. 4. Kap.) das Problem derart vereinfachen, daß man das Einspannmoment und mit ihm die erforderliche Wandstärke mit hinreichender Genauigkeit als einfache Funktion von Tiefe und Durchmesser des projektierten Behälters erhält.

a b b_1 a_1 in Fig. 31 sei ein Achsenschnitt durch den leeren (unbelasteten) Behälter. Nun denke man sich den Behälter gefüllt und die Wand ebenso wie im 2. Kap. in ein Stab- und ein Ringsystem zerlegt. Bestände die Wand nur aus Ringen, so würde sich unter der Wirkung des Wasserdruckes die elastische Linie a b′ ergeben. Bestände sie nur aus Stäben, welche in b fest eingespannt sind, so würde ihre Formänderung der Linie b a′ entsprechen. Ist jedoch Ring- und Stabsystem vorhanden, so geschieht die gemeinsame Formänderung der beiden Systeme nach Linie b c′ a. In den unteren Teilen, nahe der

Einspannstelle, wird beinahe der gesamte Wasserdruck von dem vertikalen Stabsystem aufgenommen. Je höher man kommt, desto mehr tragen die Ringe mit, und in den obersten Partien, oberhalb von c′, verhindert der Widerstand der Ringe die Ausweichung der Stäbe; die Ringe sind dort nicht nur durch den Wasserdruck, sondern auch durch die Auflagerkräfte des Stabsystems beansprucht, und die elastische Linie geht allmählich in die Linie a b′ über. a b c′ hat zwei vertikale Tangenten, eine in b an der Einspannstelle und eine in der Nähe von c′. Wenn a b b′ das Wasserdruckdreieck darstellt, so bedeutet nach den Ausführungen des 2. Kapitels die Kurve b c′ a die Belastungsscheide. Von dem gesamten Wasserdruck entfällt + W und — A auf das vertikale Stabsystem, + R und + A auf das Ringsystem.

Um die Belastung des vertikalen Stabsystems unter Zuhilfenahme kleiner Vernachlässigungen zu vereinfachen, ersetze man die Kurve c′ b durch eine Gerade c′ b. Um die dadurch erfolgte Vergrößerung von W um w zu kompensieren, bringe man im Schwerpunkt von w eine Kraft (w) von entgegengesetztem Vorzeichen an. Desgleichen ersetze man die Belastungsfläche A durch eine Einzelkraft (A) im Schwerpunkt. (A) und (w) vereinigt liefern eine Resultierende X, welche in der Nähe von c′ angreift.

Man nimmt nun an, die zweite vertikale Tangente T der elastischen Linie b c′ a sei nicht in der Nähe von c′, sondern in c′ selbst, und die Resultierende X greife nicht in der Nähe von c′ sondern auch in c′ an. In diesem neuen vereinfachten Belastungsfall (in Fig. 31 rechts) läßt sich das untere Einspannmoment auf einfache Weise ermitteln.

Bei der folgenden Untersuchung wurden die Durchbiegungen, in horizontalem Sinn gemessen, mit y bezeichnet. Die Buchstabenbezeichnungen stimmen mit Fig. 31 überein. Die Verhinderung der Querkontraktion wird ebenso wie im 2. Kapitel durch den Faktor $\frac{1}{1+m^2}$ berücksichtigt. Die vertikalen Wandstäbe, um deren Berechnung es sich jetzt handelt, sind in b_1 eingespannt, durch die dreieckige Belastungsfläche $b_1\, b_1'\, c'$ und die Einzelkraft X belastet und müssen in c′ eine vertikale Tangente besitzen.

Die Gleichung der elastischen Linie lautet (Siehe Figur 32):

$$\frac{d^2y}{dx_1^2} = -\frac{M}{E\,J\,(1+m^2)}$$

$$M = \frac{p_1\,x}{6\,l}\,(l^2 - x^2) - M_u \cdot \frac{x}{l} = -\frac{p_1\,x^3}{6\,l} + x\,\beta,$$

wobei

$$\beta = \frac{p_1\,l}{6} - \frac{M_u}{l}.$$

Nun ist $x = l - x_1 \quad dx = - dx_1$

$$E J (1 + m^2) \cdot \frac{d^2 y}{dx_1^2} = + \frac{p_1 x^3}{6 l} - x \beta.$$

Integriert, gibt diese Gleichung

$$E J (1 + m^2) \cdot \frac{dy}{dx_1} = - \frac{p_1 x^4}{24 l} + \frac{x^2}{2} \beta + C_1 \quad . \; . \; . \quad 1)$$

In c_1 soll die Tangente an die elastische Linie vertikal sein, daher für

$x_1 = l$ und $x = 0$ ist: $\frac{dy}{dx_1} = 0$ und daher ist $\mathbf{C_1 = 0}$.

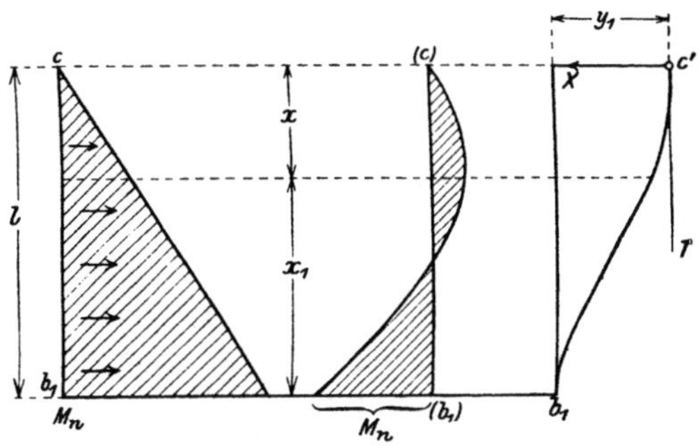

Fig. 32.

Noch einmal integriert, gibt die Gleichung 1)

$$E J (1 + m^2) y = + \frac{x^5}{5} \cdot \frac{p_1}{24 l} - \frac{x^3}{6} \beta + C_2.$$

Bei $x_1 = 0$ wird $y = 0$ und $x = l$,

$$0 = + \frac{l^5}{5} \cdot \frac{p_1}{24 l} - \frac{l^3}{6} \beta + C_2$$

Daher

$$E J (1 + m^2) y = - \frac{l^5 - x^5}{5} \cdot \frac{p_1}{24 l} + \frac{l^3 - x^3}{6} \beta \quad . \; . \; . \quad 2)$$

Das Einspannmoment M_u ergibt sich aus 1) unter Berücksichtigung von $\frac{dy}{dx_1} = 0$ für $x = l$ mit

$$\mathbf{M_u = \frac{p_1 l^2}{12}} \quad . \; . \; . \; . \; . \; . \; . \; . \; . \; . \quad 3)$$

Die Ausweichung des Stabendes (bei $x = 0$) ergibt sich aus 2) mit

$$y_1 = \frac{1}{E J (1 + m^2)} \cdot \frac{p_1 l^4}{180} \quad . \; . \; . \; . \; . \; . \; . \quad 4)$$

Da der Punkt c′ auch auf der elastischen Linie a b′ des durch den vollen Wasserdruck beanspruchten Ringsystemes liegen muß, ergibt sich als zweite Bedingungsgleichung für y_1:

$$y_1 = \frac{a^2}{EF} \cdot \gamma (h - l) \quad . \; . \; . \; . \; . \; . \; . \; . \; . \quad 5)$$

Die Bedingungsgleichungen zur Ermittlung von M_u lauten demnach:

$$M_u = \frac{p_1 l^2}{12}$$

und

$$\frac{1}{EJ(1+m^2)} \cdot \frac{p_1 l^4}{180} = \frac{a^2}{EF} \gamma (h - l) \quad . \; . \; . \; . \; 6)$$

Wenn die zulässigen Materialbeanspruchungen gegeben sind, berechnet sich die Wandstärke H aus M_u mit $\mathbf{H} = \alpha \cdot \sqrt{\mathbf{M}_u}$. Aus den Gleichungen 3) und 6) kann man dann diejenige Behälterwandstärke berechnen, bei welcher das Material an der unteren Einspannstelle gerade mit den zulässigen Spannungen beansprucht ist.

Wenn sämtliche Größen in cm und kg ausgedrückt sind, wenn ferner γ für Wasser (Gewicht pro 1 cm³) 0,001 kg beträgt und die Ziffer m der Querkontraktion mit ¼ angenommen wird, ergibt sich die Wandstärke H aus obiger Gleichung mit:

$$H \text{ cm} = 6{,}08 \cdot \alpha^3 \cdot a^2 \cdot \sqrt{h} \cdot 10^{-6} \left[-1 \pm \sqrt{1 + \frac{3010\, h}{\alpha^2 a^2}} \right]$$

Der Eisenquerschnitt ergibt sich mit $f_e = \alpha_1 H$.

Beispiel. Ein Behälter mit rechteckigem Wandquerschnitt, 5,00 m Höhe und 10,00 m Durchmesser soll in Eisenbeton projektiert werden. Zulässgie Materialbeanspruchungen $\sigma_b = 35$ kg/cm², $\sigma_e = 1000$ kg/cm².

Aus den Tabellen zur Dimensionierung einfach armierter Platten entnimmt man für die gegebenen zulässigen Beanspruchungen:

$H = 0{,}477 \sqrt{M_u}$ (H = 1,1 H′, wenn H′ die nutzbare Plattenstärke).

$$f_e = 0{,}261 \sqrt{M_u}. \text{ Somit } \alpha = 0{,}477, \; \alpha_1 = \frac{0{,}261}{0{,}477} = 0{,}548.$$

$$H = 6{,}08 \cdot 0{,}477^3 \cdot 500^2 \cdot \sqrt{500} \cdot 10^{-6} \left[-1 \pm \sqrt{1 + \frac{3010 \cdot 500}{0{,}477^2 \cdot 500^2}} \right] = 15{,}5 \text{ cm}$$

$f_e = 0{,}548.H =$ **8,5** cm Vertikalarmatur pro laufenden Meter Umfang.

Mit Hilfe der Gleichungen 3) und 6) können auch an einem Behälter mit gegebenem rechteckigen Wandquerschnitt angenähert die Biegungsmomente, die Ringspannungen und die Belastungsscheide ermittelt werden. Eine solche Untersuchung wurde an dem im 3. Kap. behandelten und in Fig. 11 dargestellten Behälter vorgenommen.

Die exakte Untersuchung ergab für M_u 96 700 kg/cm. Das Näherungsverfahren lieferte für M_u 104 000 kg/cm. Die Belastungsscheide, welche das Näherungsverfahren mit Hilfe der geradlinig begrenzten Belastungsfläche W ergab, ist in Fig. 11a, Kurve II eingetragen und weicht nur unbedeutend von der genauen, analytisch festgelegten Belastungsscheide I ab.

Müller-Breslau (am oben angef. Orte) gelangte auf analytischem Weg ebenfalls zu einer Näherungsformel für die direkte Dimensionierung von Behältern mit rechteckigem Wandquerschnitt.

9. Anmerkungen.

[1]) Die Verhinderung der Querkontraktion der vertikalen, auf reine Biegung beanspruchten Stabelemente ist in dieser Formel 2) durch den Faktor $\frac{1}{1+m^2}$ berücksichtigt. a b c d in Fig. 33 sei das Wandelement einer gedehnten Behälterwand und gleichzeitig der Querschnitt eines gebogenen Stabelementes. Die Druckspannungen infolge der Biegung (σ_d) seien außen, die Zugspannungen innen. Wäre die Querkontraktion nicht behindert, so würde das Wandelement infolge der Biegung die Form a′ b′ c′ d′ annehmen, wobei

$$bb' = \frac{m\sigma_d}{E} \cdot d\varphi \cdot \left(r + \varDelta r + \frac{d_w}{2}\right)$$

und

$$cc' = \frac{m\sigma_z}{E} d\varphi \left(r + \varDelta r - \frac{d_w}{2}\right).$$

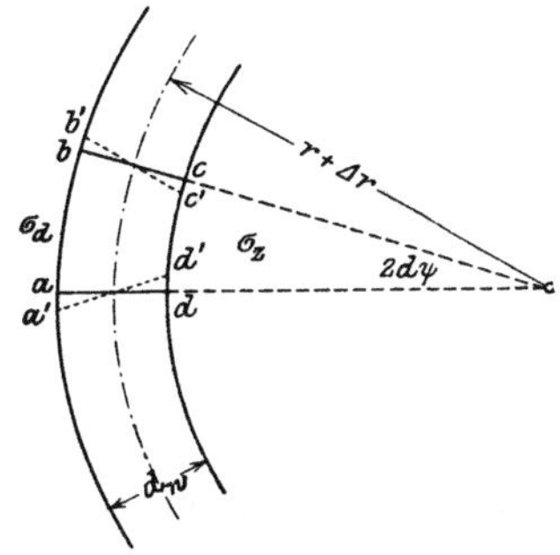

Fig. 33.

Ist der Radius im Verhältnis zur Wandstärke sehr groß, so ist einfach zu setzen:

$$bb' = \frac{m\sigma_d}{E} r\, d\varphi \quad \text{und} \quad cc' = \frac{m\sigma_z}{E} r\, d\varphi.$$

Wenn nun a b c d nicht nur Stabelement, sondern auch Ringelement ist, so wird die Querkontraktion die Tendenz haben, den inneren Radius der Behälterwand um den Betrag

$$\frac{m\sigma_z}{E}\left(r + \varDelta r - \frac{d_w}{2}\right) \doteq \frac{m\sigma_z}{E} \cdot r$$

zu verkleinern und den äußeren Radius um

$$\frac{m\sigma_d}{E}\left(r + \varDelta r + \frac{d_w}{2}\right) \doteq \frac{m\sigma_d}{E} \cdot r$$

zu vergrößern. Da die Wand infolge ihrer Zugfestigkeit in radialer Richtung nur in sehr geringem Maß befähigt ist, ihre Dicke zu ändern, ist die Querkontraktion fast vollständig verhindert. Etwas anders liegen die Verhältnisse bei einem Material, welches dem Hookeschen Gesetz nicht gehorcht. Bei stark gedehnter Wand wird der Elastizitätsmodul der Ringe sehr klein, und dürfte daher der Einfluß der Verhinderung einer Querkontraktion der Stabelemente weniger bedeutend sein als bei schwach gedehnter Wand. Da sich jedoch in solchen Fällen die

Größe des Einflusses der Wanddehnung auf die Wirkung der Querkontraktion schwer schätzen läßt, wird der Faktor $(1 - m^2)$ (m der Querkontraktionskoeffizient) für sämtliche Baumaterialien beibehalten.

Manche Autoren ersetzen den Faktor $(1 - m^2)$ durch $\frac{1}{1 + m^2}$, um bequemere Formeln zu erhalten. Bei der geringen Größe von m^2 ist diese Vernachlässigung gestattet.

[2]) Die Untersuchungen wurden stets mit der Bemerkung abgeschlossen, daß man sich aus dem ersten Seilpolygonpaar durch einfache Interpolation der Wahrheit nähern könne (Panetti, S. 146 u. 147, Federhofer, S. 389).

[3]) Die Hinzufügung der Hilfskraft K bewirkt eine Veränderung des Einspannmomentes um ΔM_u. Dementsprechend ändern sich die Ordinaten der Dehnungskurve in jedem Punkt um

$$\alpha \cdot \frac{\Delta M_u}{H^3} \cdot \frac{s}{s_1},$$

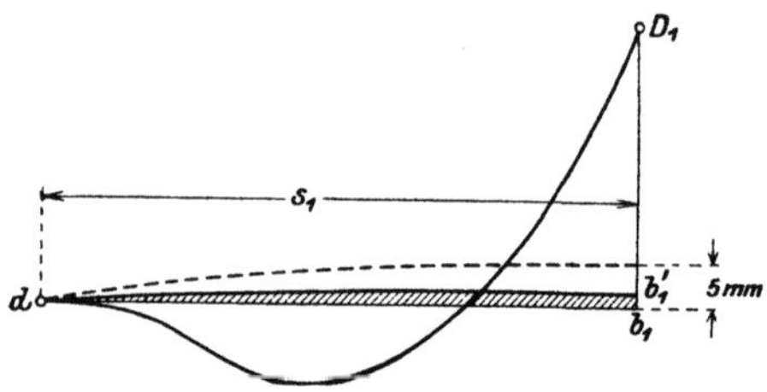

Fig. 34.

worin α eine Konstante, und s_1 die Strecke d b_1 bedeutet (siehe Fig. 34). Man verkleinere nun die Ordinate von D_1 in b_1 etwa um 5 mm und zeichne die zugehörige Veränderung der übrigen Ordinaten. Das statische Moment dieser Fläche in bezug auf d betrage S. Dieser Betrag von S wird während der ganzen Untersuchung beibehalten. Benötigt man, um der geforderten Bedingung zu genügen, eine Verkleinerung des statischen Momentes von S_1, so verkleinere man die Ordinate von D_1 in b_1 um $5\,\text{cm} \cdot \frac{S_1}{S}$ und verbinde Punkt b_1' mit d durch eine Kurve, deren Ordinaten denen von b_1' d proportional sind. Bei den kleinen Korrekturen, um die es sich handelt, genügt es, die Ordinaten dreier Punkte zu reduzieren.

[4]) Die österreichischen Vorschriften z. B. sprechen bloß von zulässigen Zugspannungen im Beton für den Fall der reinen Biegung und des exzentrischen Druckes. Diese zulässigen Zugspannungen sind 24 kg/cm² bzw. 21,5 kg/cm² bei Mischungsverhältnissen 1 : 3 bzw. 1 : 5. Wenn man die zulässige Beanspruchung des Eisens mit $\sigma_e = 950$ kg/cm² annimmt, entsprechen die obigen Zugbeanspruchungen des Betons einem vorschriftsmäßig bewehrten, auf reinen Zug beanspruchten Verbundkörper mit einer Armierung von

$$3{,}92\,\% \quad \text{bzw.} \quad 3{,}32\,\% \left(n = \frac{E_e}{E_b} = 15\right).$$

Aus Figur 29 kann man ersehen, daß die Grenzen, welche die Vorschrift gezogen hat, für Rohr- und Behälterbau zu weit sind. Der Beton eines 3,92- oder eines 3,32 prozentig armierten Rohres oder Behälters müßte bei voller Belastung unter allen Umständen reißen. Die 1,83 prozentige Armierung des St. Gallner Behälters bezeichnet schon die oberste Grenze, bis zu welcher man sich wagen darf. Sie entspricht unter den Annahmen der „Vorschrift" einer rechnungsmäßigen Betonzugbeanspruchung von 13,8 kg/cm².

10. Anhang. Tabellen 1—4.

Tabelle 1.

Armierung 0,740 %

ε_u gewählt =	17		14		10		6		3	
$\varepsilon_o =$	17	15,2	14	13,2	10	10,0	6	6,4	3	3,2
$h' = \varepsilon_o + \varepsilon_u =$	34	32,2	28	27,2	20	20,0	12	12,4	6	6,2
$a' = a \cdot \frac{h'}{h}$ $= 0\,091\ h' =$	3,09	2,9	2,54	2,5	1,82	1,8	1,09	1,1	0,55	0,6
$e_e' = \varepsilon_u - a' =$	13,19	14,1	11,46	11,5	8,18	8,2	4,91	4,9	2,45	2,4
$\frac{Z_e'}{b} = \left.\begin{matrix}0{,}156\\0{,}132\end{matrix}\right\rbrace h'e_e' =$	69,9	70,1	50,0	48,8	25,5	25,6	9,2	9,5	2,3	2,3
$F_u' =$	229	229	179,3	179,3	109,3	109,3	46,8	46,8	13,0	13,0
$\frac{Z_e'}{b} + F_u =$	298,9	299,1	229,3	228,1	134,8	134,9	56,0	56,3	15,3	15,3
$\varepsilon_o =$	15,2		13,2		10,0		6,4		3,2	
$S_o' =$	3028		2012		883		235		32	
$S_u' =$	2344		1559		687		182		26	
$\frac{Z_e'}{b} \cdot e_e' =$	990		566		209		46		5	
$\frac{M'}{b} =$	6362		4137		1779		463		63	
$\frac{M}{h^2} = \left(\frac{M'}{b}\right) \cdot \frac{100}{h'^2}$	612		559		444		302		163	

Tabelle 2.

Armierung 0,548 % .

ε_u gewählt =	15		12		9		6		3	
$\varepsilon_o =$	15	13,5	12	11,4	9	9,0	6	6,2	3	3,2
$h' = \varepsilon_o + \varepsilon_u =$	30	28,5	24	23,4	18	18,0	12	12,2	6	6,2
$a' = a \cdot \frac{h'}{h} =$ $0{,}091\ h' =$	2,73	2,6	2,18	2,1	1,74	1,6	1,09	1,1	0,55	0,6
$e_e' = \varepsilon_u - a' =$	12,27	12,4	9,8	9,9	7,3	7,4	4,9	4,9	2,5	2,4
$\frac{Z_e'}{b} = \left.\begin{matrix}0{,}115\\0{,}092\end{matrix}\right\rbrace h'e_e' =$	42,2	40,5	27,0	26,6	15,1 15,3	15,3	6,8	6,9	1,7	1,7
$F_u' =$	197	197,0	144,5	144,5	92,5	92,5	46,8	46,8	13,0	13,0

Tabelle 1.

0,626 %

17		14		10		6		3	
17	14,9	14	13,0	10	9,9	6	6,3	3	3,2
34	31,9	28	27,0	20	19,9	12	12,3	6	6,2
3,09	2,9	2,54	2,5	1,82	1,8	1,09	1,1	0,55	0,5
13,19	14,1	11,46	11,5	8,18	8,2	4,91	4,9	2,45	2,5
59,1	59,3	42,3	40,9	21,6	21,5	7,8	7,9	1,9	2,0
229	229	179,3	179,3	109,3	109,3	46,8	46,8	13,0	13,0
288,1	288,3	221,6	220,2	130,9	130,8	54,6	54,7	14,9	15,0
14,9		13,0		9,9		6,3		3,2	
2860		1927		857		224		32	
2344		1559		687		182		26	
835		469		176		39		5	
6039		3955		1720		445		63	
594		542		434		294		163	

Tabelle 2.

0,436 %

15		12		9		6		3	
15	13,3	12	11,2	9	8,8	6	6,1	3	3,1
30	28,3	24	23,2	18	17,8	12	12,1	6	6,1
2,73	2,6	2,18	2,1	1,74	1,6	1,09	1,1	0,55	0,5
12,3	12,4	9,8	9,9	7,3	7,4	4,9	4,9	2,5	2,5
33,8	32,3	21,7	21,2	12,1	12,2	5,4	5,4	1,4	1,4
				12,2					
197	197,0	144,5	144,5	92,5	92,5	46,8	46,8	13,0	13,0

Tabelle 2.

Armierung 0,548 %

ε_u gewählt =	15		12		9		6		3	
$\frac{Z_e'}{b} + F_u =$	239,2	237,5	171 5	171,1	107,6	107,8	53,6	53,7	14,7	14,7
$\varepsilon_o =$	13,5		11,4		9,0		6,2		3,2	
$S_o' =$	2141		1314		624		214		32	
$S_u' =$	1780		1123		527		182		26	
$\frac{Z_e'}{b} \cdot e_e' =$	502		263		113		34		4	
$\frac{M'}{b} =$	4423		2700		1264		430		62	
$\frac{M}{h^2} = \left(\frac{M'}{b}\right) \cdot \frac{100}{h'^2}$	546		492		390		288		161	

Tabelle 3.

Armierung 0,346 %

ε_u gewählt =	15		12		9		6		3	
$\varepsilon_o =$	15	13,1	12	11,0	9	8,7	6	6,1	3	3,1
$h' = \varepsilon_o + \varepsilon_u =$	30	28,1	24	23,0	18	77,7	12	12,1	6	6,1
$a' = a . \frac{h'}{h} = 0.091\ h' =$	2,7	2,6	2,2	2,1	1,6	1,6	1,1	1,1	0,5	0,5
$e_e' = \varepsilon_u - a' =$	12,3	12,4	9,8	9,9	7,4	7,4	4,9	4,9	2,5	2,5
$\frac{Z_e'}{b} = \left.\begin{matrix}0,073\\0,041\end{matrix}\right\} h'e_e' =$	26,9	25,4	17,2	16,6	9,7	9,6	4,3	4,3	1,1	1,1
$F_u' =$	19,7		144,5		92,5		46,8		13,0	
$\frac{Z_e'}{b} + F_u =$	223,9		161,7		102,2		51,1		14,1	
$\varepsilon_o =$	13,1		11,0		8,7		6,1		3,1	
$S_o' =$	1970		1192		570		203		28	
$S_u' =$	1780		1123		527		182		26	
$\frac{Z_e'}{b} \cdot e_e' =$	316		165		71		21		3	
$\frac{M'}{b} =$	4066		2480		1168		406		57	
$\frac{M}{h^2} = \left(\frac{M'}{b}\right) \cdot \frac{100}{h'^2}$	515		469		373		277		153	

Tabelle 2.

0,436 %

15		12		9		6		3	
230,8	129,3	166,2	165,7	104,6	104,6	52,2	52,2	14,4	14,4
13,3		11,2		8,8		6,1		3,1	
2055		1254		588		203		28	
1780		1123		527		182		26	
401		210		89		26		4	
4236		2587		1204		411		58	
529		481		381		280		156	

Tabelle 3.

0,194 %

12		9		6		3		1	
12	10,7	9	8,5	6	6,0	3	3,1	1	1,0
24	22,7	18	17,5	12	12,0	6	6,1	2	2,0
2,2	2,1	1,6	1,6	1,1	1,1	0,5	0,5	0,1	0,1
9,8	9,9	7,4	7,4	4,9	4,9	2,5	2,5	0,9	0,9
9,7	9,3	5,5	5,3	2,4	2,4	0,6	0,6	0,07	0,07
144,5		92,5		46,8		13,0		1,5	
154,2		98,0		49,2		13,6		1,57	
10,7		8,5		6,0		3,1		1,0	
1099		535		192		28		1	
1123		527		182		26		1	
92		29		12		2		0,06	
2314		1091		386		56		2,06	
449		356		267		150		51	

Tabelle 4.

Armierung 0,088 %

ε_u gewählt =	12		9		6		3		1	
$\varepsilon_0 =$	12	10,5	9	8,4	6	5,9	3	3,0	1	1,0
$h' = \varepsilon_0 + \varepsilon_u =$	24	22,5	18	17,4	12	11,9	6	6,0	2	2,0
$a' = a \cdot \frac{h'}{h}$										
$= 0{,}091\,h' =$	2,2	2,1	1,6	1,6	1,1	1,1	0,5	0,5	0,1	0,1
$e_e' = \varepsilon_u - a' =$	9,8	9,9	7,4	7,4	4,9	4,9	2,5	2,5	0,9	0,9
$\frac{Z_e'}{b} = 0{,}018\,h'e_e' =$	4,2	4,0	2,4	2,3	1,1	1,1	0,3	0,3	0,03	0,03
$F_u' =$	144,5		92,5		46,8		13,0		1,5	
$\frac{Z_e'}{b} + F_u =$	148,7		94,9		47,9		13,3		1,53	
$\varepsilon_0 =$	105		8,4		5,9		3,0		1,0	
$S_0' =$	1037		517		185		25		1	
$S_u' =$	1123		527		182		26		1	
$\frac{Z_e'}{b} \cdot e_e' =$	40		17		5		0,7		0,03	
$\frac{M'}{b} =$	2200		1061		372		51		2,03	
$\frac{M}{h^2} = \left(\frac{M'}{b}\right) \cdot \frac{100}{h'^2}$	435		351		263		142		51	

GPSR Compliance

The European Union's (EU) General Product Safety Regulation (GPSR) is a set of rules that requires consumer products to be safe and our obligations to ensure this.

If you have any concerns about our products, you can contact us on ProductSafety@springernature.com

In case Publisher is established outside the EU, the EU authorized representative is:

Springer Nature Customer Service Center GmbH
Europaplatz 3
69115 Heidelberg, Germany

Batch number: 10683531

Printed by Printforce, the Netherlands